Sabina Kusmin

Marketing in China

Lehren aus dem Erfolg amerikanischer Unternehmen in Fernost

IGEL Verlag

Kusmin, Sabina

Marketing in China

Lehren aus dem Erfolg amerikanischer Unternehmen in Fernost

1. Auflage 2009 | ISBN: 978-3-86815-160-2

Die Deutsche Bibliothek verzeichnet diesen Titel in der Deutschen Nationalbibliografie.
Bibliografische Daten sind unter http://dnb.ddb.de verfügbar.

IGEL Verlag

IGEL Verlag

Inhaltsverzeichnis

Abbildungsverzeichnis

Abkürzungsverzeichnis

MNC	Multi National Company
TE	Transitional Economy/ Transitional Economies
P&G	Procter & Gamble
RMB	Renminbi (Yuan) = chinesische Währung
SVZ	Sonderverwaltungszone

1 Einleitung

Die Globalisierung lässt die Welt zwar immer weiter zusammenrücken, aufgrund transnationaler Inderdependenzen erhöht sich indes gleichermaßen der Druck auf national sowie international agierende Unternehmen. Steigende Kosten als auch eine zunehmende Marktsättigung verlangen nach einer neuen strategischen Ausrichtung, die es ermöglicht, sich den ändernden Rahmenbedingungen anzupassen, um konkurrenzfähig zu bleiben. Eine Möglichkeit bietet in diesem Zusammenhang die Erschließung neuer Märkte.

Immer mehr amerikanische Unternehmen blicken daher erwartungsvoll in Richtung China. Dort wächst eine neue Generation heran, die bis dato nur die Grenzen der bunten Konsumwelt kennen gelernt hat und mit 1,2 Milliarden Einwohnern ein erhebliches Potenzial zukünftiger Konsumenten besitzt.

Auch wenn China noch als Übergangswirtschaft bezeichnet wird – wobei nicht klar ist, ob und wann der Status einer Marktwirtschaft erreicht wird –, verfügt die Volksrepublik über den größten Input in Bezug auf das globale Wirtschaftswachstum. Rund ein Drittel des weltweiten Wachstums in den vergangenen drei Jahren wurde in China generiert. Die immense Bedeutung des Landes als Produzent und Konsument von Konsumgütern nimmt weiter zu.

In einer globalisierten Welt beginnen die Grenzen zu verschwimmen, und die Konsumenten in den einzelnen Ländern weisen mittlerweile zahlreiche Ähnlichkeiten auf. Der globale Konsument – mit gleichen Wünschen und Bedürfnissen hingegen – gehört momentan jedoch noch zum Wunschbild vieler Konzerne. Und gerade der chinesische Konsument scheint sich aufgrund spezifischer Verhaltensweisen und kultureller Werte von seinem Pendant in Amerika deutlich zu unterscheiden und eine eigene Identität zu entwickeln. Genau darin liegt die erste Herausforderung für ausländische Unternehmen. Ein universelles Marketingkonzept bringt daher lediglich bedingten Nutzen. Ungeachtet dieser kulturellen Hürden weist der Markt gleichwohl weitere Problemfelder auf, die nach innovativen Lösungen verlangen. Allein der trotz WTO–Eintritts immer noch vorhandene staatliche Protektionismus lässt einige Unternehmen an ihre Grenzen stoßen. Aus diesem Grund scheint es notwendig, eine Marketingstrategie zu implementieren, die im Einklang zur globalen Unternehmensstrategie steht, zugleich aber auch den spezifischen Marktanforderungen gerecht wird.

Das Ziel der Untersuchung liegt folglich darin, die vorherrschenden wirtschaftlichen Rahmenbedingungen zu analysieren und – daraus resultierend – die Besonderheiten für das strategische sowie operative Marketing ausländischer Unternehmen in China abzuleiten. Dabei werden die Fragen zu beantworten sein, ob der Absatzmarkt tatsächlich so groß ist und wer als potenzieller Abnehmer für ausländische Produkte fungiert. Beispielhaft werden zwei amerikanische Unternehmen untersucht und skizziert, die im chinesischen Internet- und Konsumgütermarkt operieren. Der Fokus der Abhandlung liegt darin aufzuzeigen, welche Faktoren eine positive Marktbearbeitung bedingen. Hier offenbart sich eine klare Abgrenzung, die auf den differenzierten unternehmerischen Schwerpunkt zurückzuführen ist.

Es sei noch darauf hinzuweisen, dass es im Rahmen dieser Studie nicht möglich ist, ein einheitliches Vermarktungskonzept für Unternehmen jedweder Spezialisierung zu erarbeiten.

2 Internationales Marketing in einer Transitional Economy

2.1 Definition des internationalen Marketings

Für zahlreiche Unternehmen erweist es sich in einem gesättigten Heimatmarkt als schwierig, den Wachstumsprozess kontinuierlich zu bestreiten. Eine verkürzte Produktlebensdauer, sich änderndes Konsumentenverhalten oder das Aufsplitten von Marktsegmenten führen dazu, dass ein gesundes Wachstum nicht mehr von innen heraus möglich ist. Dementsprechend müssen neue Märkte erschlossen werden, um die gewünschten Ziele zu erreichen und die Wettbewerbsfähigkeit zu erhöhen. Insofern kommt es den agierenden Unternehmen zugute, dass Satellitenfernsehen, Internet sowie mobile Konsumenten die Volkswirtschaften längst miteinander vernetzt haben.[1]

Für viele Wissenschaftler im Fachbereich des internationalen Marketings steht fest, dass rein nationales Marketing in Zukunft nur mehr lediglich einen Teilbereich der globalen Unternehmenspolitik darstellen wird. Doch welche Voraussetzungen muss ein Unternehmen erfüllen, um als international zu gelten? Nach Porter handelt es sich um eine internationale Unternehmung, wenn ein nicht unbedeutender Teil der Wertschöpfungskette – dazu zählen beispielsweise die Produktion oder der Absatz – in mehr als in einem Land durchgeführt wird. Daraus kann die Definition des internationalen Marketingbegriffs abgeleitet werden. Demnach befasst sich dieses mit der Analyse, der Planung und Durchführung, der Koordination sowie Kontrolle aller marktbezogener Unternehmensaktivitäten in den Ländermärkten einer Unternehmung.[2]

Die Ausweitung der Geschäftsbereiche und die geografische Diversifikation bedingen eine starke Veränderung der gesamten Geschäftspolitik, die auch andere Bereiche, wie etwa das Controlling, das Finanzmanagement oder das Personalwesen, tangiert. Die Komplexität des Unternehmenskonstrukts nimmt parallel zur Erhöhung des Internationalitätsgrades zu. Ein aktives Marketingmanagement ist vor allem bei der Ausweitung auf Absatzmärkte gefragt, die eine andere soziokulturelle Prägung aufweisen.[3]

Neben der Möglichkeit, bisher ungenutzte Marktchancen zu nutzen, birgt der Internationalisierungsprozess indes auch spezifische Risiken. Dazu

---

1 Vgl. Berndt/Fantapié Altobelli/Sander (2003), S. 7.

2 Vgl. Bennett (1998), S. 12; Meffert/Bolz (1998), S. 24 f.

3 Vgl. Berndt/Fantapié Altobelli/Sander (2003), S. 6.

gehört ein erhöhtes Maß an Ungewissheit, das aus unterschiedlichen rechtlichen sowie politischen Strukturen resultiert. Hinzu kommt der erhöhte Informationsbedarf ausländischer Unternehmen. Vor allen bei heterogenen Ländern liegt die Notwendigkeit in der Akquisition von Verbraucher- und Marktdaten. Während die Bedeutung dieser beiden Problemfelder im Zeitablauf abnimmt, bleibt der erhöhte Koordinationsbedarf gleich bzw. steigt mit Ausweitung der Unternehmensaktivitäten noch an. In diesem Zusammenhang kann eine vom Mutterkonzern relativ unabhängige Marktbearbeitung für die einzelnen Länderdivisionen große Vorteile haben. So können die dortigen Prozesse zum einen optimal an die spezifischen ökonomischen, politischen und kulturellen Rahmenbedingungen angepasst werden, und zum anderen wird der Komplexitätsgrad relativ konstant gehalten. Die Herausforderung für das Management und speziell das Marketingführung liegt gleichwohl in der Wahrung der übergeordneten Unternehmensinteressen unter Berücksichtigung lokaler Gegebenheiten.[4]

2.2 Motive der Internationalisierung

Die Motive für eine Länder übergreifende Marktbearbeitung können vielschichtigster Natur sein und von Unternehmen zu Unternehmen variieren. Dabei lassen sich die Beweggründe aus unterschiedlichen Blickwinkeln betrachten. Die Ziele müssen dabei nicht immer ökonomischer Natur sein. Die wirtschaftliche Komponente stellt das Streben nach Gewinn in den Mittelpunkt der Anstrengungen. So sollen beispielsweise schlechte konjunkturelle Entwicklungen auf dem nationalen Markt durch das Auslandsgeschäft aufgefangen werden. Der Fokus liegt dabei in der Erhöhung der Umsatz- oder Marktanteile. Wenn das Unternehmen den Auslandsmarkt nutzt, um das Image zu erhöhen oder das primäre Ziel in der Erweiterung des Einflussbereiches liegt, dann treten ökonomische Gedanken vorerst in den Hintergrund. In der langfristigen Betrachtung dient diese Vorgehensweise letzten Endes allerdings auch zur Generierung eines wirtschaftlichen Erfolges.[5]

Die Internationalisierung einer Unternehmung ist offensiv geprägt, wenn Wettbewerbsvorteile im Ausland genutzt werden sollen. Das Ziel der Auslandsmarktbearbeitung besteht in der Ausnutzung der sich dort bietenden Gewinnpotenziale. Den Ausgangspunkt der defensiven Internationalisierung bildet die gefährdete Inlandsposition. Das Engagement im Aus-

---

4 Vgl. Bennet (1998), S.14-15; Meffert/Bolz (1998), S. 22 f.

5 Vgl. Berndt/Fantapié Altobelli/Sander (2003), S. 8.

land soll die Unternehmung stärken bzw. dient dazu, der Konkurrenz zu folgen, die bereits auf diesem Markt aktiv ist. Abbildung 1 beinhaltet einen Überblick über die möglichen Motive einer offensiven und defensiven Internationalisierung.

offensiv

- Existenz von Produkten mit „Unique Selling Position"
- technologischer Vorsprung
- besondere Managementqualifikationen
- Steuervorteile im Ausland
- economies of scale im Ausland
- Informationsvorsprung

defensiv

- hoher Wettbewerbsdruck im Inland
- Überkapazitäten
- sinkende Markattraktivität
- hohe Lagerbestände
- geringe geografische Distanz zu den Auslandsmärkten

Abbildung 1: Motive der Internationalisierung
Quelle: Berndt/Fantapié Altobelli/Sander (2003), S. 8

Der ressourcenorientierte Ansatz geht davon aus, dass die Versorgung mit notwendigen Rohstoffen im Ausland leichter und auch kostengünstiger zu erzielen ist. Produktionsorientierte Motive stellen komparative Kostenvorteile in den Fokus der Überlegungen. So können geringere Lohnkosten ein Grund dafür sein, die Produktion ins Ausland zu verlagern. Absatzorientierte Motive beziehen sich auf den Erhalt bzw. den Ausbau der Marktposition im Ausland. Im Regelfall geben mehrere Gründe gleichzeitig den Ausschlag für die Internationalisierungsbestrebungen einer Unternehmung.[6]

2.3 Definition von Transitional Economies

Die politische Umwälzung des kommunistischen Staatenverbundes ging einher mit der wirtschaftlichen Öffnung. Zahlreiche Länder befinden sich seitdem in einem Übergangsstaus von der Planwirtschaft hin zur freien Marktwirtschaft. In den vergangenen zwei Jahrzehnten lebte rund ein Drittel der Weltbevölkerung in einer sich transformierenden Wirtschaft.[7]

Multinational Companies (MNCs) haben ein begründetes Interesse daran, diese Absatzpotenziale zu nutzen und auf diesen Märkten aktiv zu werden. Chancen und Risiken halten sich jedoch die Waage, wonach es gilt, einen möglichen Markteintritt sorgfältig abzuwägen. Demnach ist von

---

[6] Vgl. ebd., S. 9.

[7] Vgl. Cui/Liu (2001), S. 84.

Belang, zunächst die Merkmale einer Transitional Economy (TE) zu definieren, wobei zwei grundlegende Faktoren eine allgemein gültige Definition erschweren. Zum einen unterliegen die Märkte dieser Länder einem so starken strukturellen Wandel, dass aktuelle Beschreibungen schnell wieder veraltet sein können. Zum anderen erstrecken sich TEs über den gesamten Globus. Die Märkte unterscheiden sich häufig voneinander. Einige sind weitaus entwickelter als andere in Bezug auf das Konsumenteneinkommen, das durchschnittliche Bildungsniveau oder aber das Infrastruktursystem. Auch wählen die Länder differenzierte Ansätze, um ihre Industrie zu reformieren und die ökonomische Entwicklung voranzutreiben.[8]

Dennoch lassen sich Variablen bestimmen, die eine TE in ihren Grundzügen beschreiben.

1. Das Jahreseinkommen ist wesentlich geringer als im Westen. In China beläuft sich das durchschnittliche Pro-Kopf-Einkommen auf 500 € p. a. Dabei existieren jedoch starke regionale Schwankungen (vgl. Punkt 3.3 „Regionale Disparitäten in der Einkommensverteilung").[9]
2. In einer TE herrscht ein hohes Inflationsniveau mit einer hohen Arbeitslosenquote. Während die Kosten für den Faktor Arbeit gering sind, sind diejenigen für Kapital sehr hoch. Die Arbeitslosenquote liegt nach Angaben der Behörden bei ca. 4 %. Unabhängige Experten gehen indes davon aus, dass sie aufgrund von Wanderarbeitern und verdeckter Arbeitslosigkeit mindestens doppelt so hoch ist bzw. sogar im Bereich um die 15 % rangieren könnte.[10]
3. Alte politische Strukturen sind immer noch erkenntlich. Bürokratische Hürden schützen inländische Unternehmen, während ausländische Firmen benachteiligt werden. Dies wird anhand hoher Importzölle sowie indirekter Steuern deutlich.[11] (vgl. Punkt 4.4.2 „Das Guanxisystem als spezifische Markteintrittsbarriere für den Markt China")
4. Der breiten Masse der Bevölkerung mit einem sehr geringen Einkommen steht eine kleine urbane Elite mit hohem Einkommen entgegen.[12]

---

8 Vgl. Batra (1997), S. 95; Cui/Liu (2001), S. 85.

9 Vgl. Batra (1997), S. 95.

10 Vgl. ebd., S. 96-97; Internetquelle 1.

11 Vgl. Batra (1997), S. 96-97.

12 Vgl. ebd.

5. Übergangsmärkte weisen lediglich ein unzulängliches Distributionssystem auf. Fehlende Massenkommunikation gehört ebenso dazu wie eine mangelnde Infrastruktur (vgl. Punkt 5.3 „Distributionspolitik").

China spielt im Vergleich zu anderen TEs eine besondere Rolle. Während sich andere Märkte sukzessive öffnen, werden in der Volksrepublik Grundelemente der alten Struktur beibehalten. Die Zielsetzung des Reformprozesses lag demnach nicht in der Errichtung einer freien Marktwirtschaft, sondern im Aufbau marktwirtschaftlicher Rahmenbedingungen.[13]

Die staatliche Bevormundung ist demnach immer noch charakteristisch fürs gesamte Land. Regionalregierungen bevorzugen lokale Unternehmen, und große staatliche Firmen stehen unter dem Schutz weiterer Behörden. Diese behördlichen Eingriffe führen zu einer Marktunvollkommenheit, die sich im opportunistischen Verhalten der Marktteilnehmer widerspiegelt. Folglich bestimmt sich der Erfolg ausländischer Unternehmen zu einem großen Teil durch externe Einflüsse. Umso wichtiger scheint es, ein Marketing zu implementieren, das sich dieser Beeinflussungen bewusst ist.[14]

---

13 Vgl. Pu (1996), 1.

14 Vgl. Gao et al. (2006)

3 Die Bedeutung des chinesischen Marktes und seine Entwicklung

3.1 China in Fakten

3.1.1 Bevölkerung

Die Bevölkerungszahl zum Ende des Jahres 2005 betrug 1,30756 Mrd. Menschen. Das bedeutet einen Zuwachs von ca. 6 % zum Jahr 2004.

China ist ein Vielvölkerstaat. Bisher wurden 56 Nationalitäten von der Zentralregierung bestätigt. Der Großteil der Chinesen – ca. 1,2 Mrd. Menschen – gehört der Han- Nationalität an. Der Anteil der Minderheiten beträgt demnach nur ca. 10 % an der Gesamtbevölkerung. Die größte nationale Minderheit bildet die Zhuang-Nationalität mit ca. 16,18 Mio. Menschen. Die Han-Nationalität verteilt sich auf das gesamte Land, vor allem aber in die Regionen des Jangtse-, des Songhua- und des Liaohe-Flusses.[15]

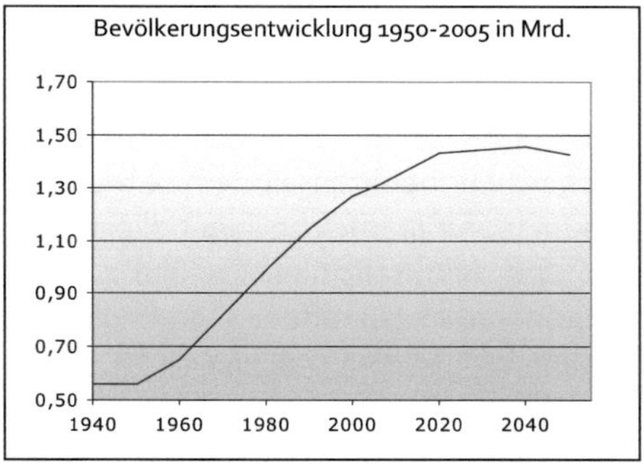

Abbildung 2: Bevölkerungsentwicklung 1950-2005 in Mrd.
Quelle: In Anlehnung an Internetquelle 7.

Die große Bevölkerung repräsentiert das Kapital des Landes, stellt aber gleichzeitig eines der stärksten Probleme dar, die es in Zukunft zu bewältigen gibt. Zu Zeiten Mao Zedongs wurde dem Volk suggeriert, dass das Bevölkerungswachstum ein Symbol der nationalen Stärke verkörpere. Der Mangel an adäquaten Statistiken führte indes zur Ignoranz der Problematik.[16]

[15] Vgl. Internetquelle 2; Internetquelle 3.

[16] Vgl. Scharping (2000), S. 359; Internetquelle 4.

Erst nach Einführung des Zensus avancierten die enormen Zuwachsraten erneut zum Thema. Vor allem die Landflucht nach der Einführung des ersten 5-Jahres-Plans zeigte bereits zum damaligen Zeitpunkt die Diskrepanz zwischen neuen Arbeitsplätzen und der Anzahl Arbeitswilliger. Hinzu kam, dass die Konzentration auf die Schwerindustrie – nach sowjetischem Beispiel – die arbeitsintensive Produktion in kleineren Betrieben verdrängte. Die Verteilung des Arbeitskräfteüberschusses auf Infrastrukturprojekte gelang nur kurzfristig.[17]

Geburtenkontrolle wurde zwar immer wieder gefordert, ging allerdings im propagierten Glauben an die kommunistische Überflussgesellschaft unter. Erst die Wirtschaftskrise zum Beginn der 60er-Jahre forcierte das Einsetzen einer aktiven Bevölkerungspolitik. Unterbrochen durch den Beginn der Kulturrevolution, wurde das Programm zur Minderung des Bevölkerungswachstums erst ab 1970 wieder politisch thematisiert. Aufgrund des Widerspruchs zum ideologischen Gedankengut vermied die Führung die Herstellung eines Zusammenhangs zwischen Bevölkerungsanstieg und wirtschaftlichen Problemen.[18]

Die Regulierung des Bevölkerungszuwachses wurde somit in die Wirtschaftsplanung einbezogen. Die Geburtenkontrolle bezog sich im Wesentlichen auf die Spätempfehlung. Frauen sollten demnach nicht mehr vor dem 25, Männer vor dem 28. Lebensjahr heiraten. Zudem betrieb die Regierung eine aktive Umsiedlungspolitik für städtische Jugendliche, um die Urbanisierungsrate abzusenken und das Stadt-Land-Gefälle zu mildern. Doch fast alle von diesen Maßnahmen betroffenen Jugendlichen kehrten auf legalem oder aber illegalem Weg in die Stadt zurück.[19]

Erst die Nachfolgeregierung Mao Zedongs nach 1979 verabschiedete gleichzeitig mit den Wirtschaftsreformen die Ein-Kind-Politik. Finanzielle Anreize und Sanktionen bei Nichteinhaltung sollten die Familien dazu bewegen, nur noch ein Kind zu bekommen.[20]

Je nach Gebiet wurden die Vorschriften unterschiedlich ausgelegt, und die Familien erhielten Sondergenehmigungen, wenn sie schwerwiegende Gründe geltend machten. Dazu gehörte allein die Geburt eines Mädchens, die mangelnde Altersversorgung oder aber der Arbeitskräftemangel. Folglich lagen sämtliche Bestrebungen darin, einen Jungen als Erben

---

17 Vgl. Internetquelle 4; Scharping (2000), S. 360 f.

18 Vgl. Larsen (1996), S.151-152; Scharping (2000), S. 360 ff.

19 Vgl. Larsen (1996), S.170; Geers (1990), S. 37 f; Chow (2002), S. 188; Internetquelle 4.

20 Vgl. Scharping (2000), S. 362; Chow (2002), S. 166;

zu bekommen. Abtreibungen – nachdem in einer Ultraschalluntersuchung das Geschlecht ermittelt wurde –, Scheidung bei der Geburt eines Mädchens oder die Kindstötung von Mädchen spiegeln die Kehrseiten der betriebenen Politik wider.[21]

Als monetären Anreiz zur Befolgung der Vorschriften erhält jede Familie mit nur einem Kind einen jährlichen Zuschuss von 60 Yuan. Kaum Ansporn genug, entspricht dies doch lediglich 1 % des Jahreslohns eines durchschnittlichen Angestellten oder Arbeiters. Während diese Summe in der Stadt hauptsächlich von den Betrieben bereitgestellt wird, existieren auf dem Land kaum öffentliche Träger zur Finanzierung. Bei Nichteinhaltung des Gesetzes droht der Familie ein Lohnabzug in Höhe von 10 % des Einkommens. Auch hier offenbart sich eine Diskrepanz zwischen ländlichen und urbanisierten Regionen. Während bei einem Angestellten oder Arbeiter der Lohn leicht messbar ist, kann das Einkommen eines Bauern lediglich schwer ermittelt werden. Der damit geschaffene Freiraum der Behörden ebnet aufgrund der hohen Ermessensspielräume und dem Mangel an Transparenz den Weg für korruptes Verhalten.[22]

Die Ein-Kind-Politik sollte die Modernisierung des Landes steigern und die Bevölkerungsprobleme lösen. Im Nachhinein muss festgestellt werden, dass die zentralen Ziele nicht erreicht werden konnten. Für das Jahr 2050 wird eine Bevölkerung von 1,4-1,5 Milliarden prognostiziert, einige Schätzungen sprechen sogar von 1,7 Milliarden Menschen. Nach wissenschaftlichen Berechnungen liegt das Optimum für China bei 700.000 Millionen Menschen.[23]

Auch wenn das Wirtschaftswachstum weiterhin sehr stark ist, steigen die Bevölkerungszahlen überproportional an. Daraus werden auch in Zukunft Schwierigkeiten resultieren, die sich nur schwer werden lösen lassen. Dazu zählen u. a. die Überwirtschaftung der Agrarflächen, Umweltverschmutzung, die Ausbeutung der natürlichen Ressourcen sowie die mangelnde Getreideversorgung. Der Kampf um Lohn sowie Arbeits- und Ausbildungsplätze wird für jeden Chinesen allgegenwärtig sein. Das Problemfeld für die Regierung erstreckt sich jedoch auf drei unterschiedliche Wertesysteme, welche die Ausarbeitung einer zufrieden stellenden Lösung zusätzlich erschweren. Einerseits ist die städtische Bevölkerung durch den immer stärker werdenden Drang charakterisiert, gleich dem Westen ihre

---

21 Vgl. Chow (2002), S. 166-187; Scharping (2000) S. 362 f.

22 Vgl. Scharping (2000), S. 364; Internetquelle 4.

23 Vgl. Larsen (1996), S.183-185; Vgl. Geers (1990), S. 38; Chow (2002), S.190; Scharping (2000), S. 365 f.

Individualität auszuleben und die Privatsphäre vor staatlichen Eingriffen geschützt zu wissen. Zweitens sind vor allem in ländlichen Regionen partialistische Werte tief verankert, die dazu führen, das Leben eines Mädchens als geringwertiger zu erachten als das eines Jungen. Drittens herrscht vor allem seitens der Politik der Wille dahin gehend, die persönlichen Wünsche zum Wohle der gesamten Landesentwicklung zurückzustellen.[24]

3.1.2 Religion

Religiosität wird in China grundlegend anders gelebt als in den westlichen Ländern. Während die westlichen Religionen oftmals durch einen Exklusivitätsanspruch geprägt sind, erweist sich die Ausübung des Glaubens in China als wesentlich vielschichtiger. Demnach ist es nicht ungewöhnlich, dass Anhänger einer Glaubensrichtung durchaus auch die Einrichtungen anderer Religionen nutzen. Dennoch existieren in der Volksrepublik China anerkannte Religionen, wie z. B. Buddhismus, Taoismus, Islam und Christentum.

Seit den Anfängen der Han-Dynastie wurde der Konfuzianismus zur Staatsdoktrin. Fast 2000 Jahre lang durchdrangen die Glaubensrichtlinien dieser Religion fast alle Bereiche des täglichen Lebens. Die heute praktizierte Religion stellt sich als pragmatisches Regelwerk dar.

Konfuzianismus

Werte:

Ausdauer und Beharrlichkeit

Hierarchische Beziehungen

Einhalten der Ordnung

Sparsamkeit

Wahrung des Gesichtes ➔ Auf Kultur werte verweisen.[25]

Der Buddhismus gelangte im 1. Jh. n. Chr. nach China. Im Laufe der Zeit bildeten sich drei Richtungen heraus. Der Han-chinesische, der tibetische sowie der Bali-Buddhismus. Da diese Glaubensrichtung keinen strengen religiösen Ordnungen unterliegt, ist die Anzahl der Mitglieder lediglich

---

[24] Vgl. Scharping (2000), S. 372 f.

[25] Vgl. Zinzius (1996), S.29.

schwer zu ermitteln. 13.000 buddhistische Tempel und Klöster lassen indes auf eine weite Verbreitung des Glaubens schließen.[26]

Der Taoismus repräsentiert eine rein chinesische Religion, die philosophische Gedanken und den philosophischen Glauben miteinander verbindet. Entstanden im 2. Jh. n. Chr. liegt das Gewicht der Lehre in der Anbetung von Natur und Vorfahren. Auch wenn als Folge der sozialistischen Diktatur die Ausübung des Taoismus verboten wurde, so blieben die Lehren im Verborgenen bestehen. Mittlerweile bemüht sich die Regierung zur Durchsetzung einer offiziellen taoistischen Lehre, die vor allem auf Patriotismus und dem Dienst an der Öffentlichkeit basiert. Ebenso wie im Buddhismus finden sich keine statistischen Angaben hinsichtlich der Größe der Anhängergemeinschaft. Da die Tempel und Klöster gerade zu den Glaubensfesten gut besucht sind, kann davon ausgegangen werden, dass dem Taoismus auch im heutigen China noch eine starke Bedeutung zukommt.[27]

Der Islam als dritte große Glaubensrichtung hielt im 7. Jh. n. Chr. in China Einzug. Dabei sind die chinesischen Moslems vor allem Sunniten. Viele der nationalen Minderheiten gehören dieser Glaubensgemeinschaft an. Beispielhaft zu nennen sind die Usbeken, Tadschiken, die Kirgisen und Kasachen. Der amerikanische International Religious Freedom Report von 2004 geht davon aus, dass ca. 1,4 % der Bevölkerung Anhänger des Islam sind.[28]

Aus dem historischen Kontext heraus steht die chinesische Regierung dem Christentum äußerst distanziert gegenüber. Den Höhepunkt hatte der Glaube im 19. Jahrhundert. Unter dem Schutz des kolonialistischen Militärs zogen die Missionare durchs Land. Der Glaube wurde und wird von der Regierung stets mit den imperialistischen Bestrebungen des Westens, die asiatische Welt zu erobern, in Verbindung gebracht. Aus diesem Grund sind ausschließlich die christlichen Vereinigungen erlaubt, die sich dem Staat unterordnen. Die Wirtschaftsreformen brachten auch Lockerungen gegenüber der christlichen Gemeinschaft. So ist es katholischen Priestern gestattet, im Ausland zu studieren, um später in China eigene katholische Seminar abzuhalten.

---

26 Vgl. Geers (1990), S. 47 f.

27 Vgl. Internetquelle 5.

28 Vgl. ebd.

3.1.3 Geografie und Verwaltung

Die Volksrepublik China liegt im Osten Asiens. Mit einer Gesamtfläche von 9,6 Mio. km^2 bildet China nach Russland und Kanada das flächenmäßig drittgrößte Land der Welt. Die Nord-Süd-Entfernung beträgt dabei 5.500, die von Ost nach West ca. 5.000 km. Zu den direkten Nachbarstaaten gehören Korea, Russland, die Mongolei, Kasachstan, Kirgisistan, Tadschikistan, Afghanistan, Pakistan, Indien, Nepal, Bhutan, Myanmar, Laos und Vietnam.[29]

Das gesamte Land besteht aus 34 Verwaltungseinheiten. Dazu zählen 23 Provinzen, vier regierungsunmittelbare Städte (Peking, Shanghai, Tianjin, Chongging), fünf autonome Gebiete sowie die zwei Sonderverwaltungszonen Macao und Hongkong. Provinzen und autonome Gebiete sind nochmals in Bezirke und Kreise unterteilt.[30]

Mittlerweile verkörpert das System der nationalen Gebietsautonomie einen grundlegenden Bestandteil der chinesischen Politik. Den autonomen Gebieten obliegt ein selbstständiges Verwaltungsrecht für sämtliche innere Angelegenheiten ihre ethnischen Gruppen betreffend. Daher sind sie befugt, eigene Sprachen und Schriften zu verwenden und individuelle Traditionen aufrechtzuerhalten. Die wirtschaftliche Entwicklung fällt ebenso in den Autoritätsbereich der lokalen Regierung wie die Verteilung der regionalen Einnahmen auf die Bereiche Bildung, Technik, Wissenschaft und Kultur. Zudem besteht eine gesetzliche Verpflichtung der Zentralregierung zur Unterstützung der wirtschaftlichen Entwicklung in den autonomen Gebieten. Zu diesem Zweck fließen immer wieder Fördergelder an entsprechende Stellen.

Taiwan

Die Abspaltung Taiwans vom Festland ist den innenpolitischen Konflikten um 1945 geschuldet. Nach Rückgabe der Insel durch Japan an die Republik China veranlasste der Bürgerkrieg auf dem Festland die Regierung dazu, vor der Volksbefreiungsarmee Mao Zedongs nach Taiwan zu fliehen. Zur Konsolidierung der Kräfte wurde die Insel vom Regime ausgebeutet. Dieser Konflikt entlud sich in einem blutigen Aufstand von 1947, der von den nationalchinesischen Truppen niedergekämpft wurde.[31]

Nach dem Sieg im Bürgerkrieg durch Mao Zedong stellte Taiwan das Restterritorium der Republik China dar. Um in dieser Region ein Gegen-

---

29 Vgl. Taubmann (2000), S. 31 f; Geers (1990), S. 14 f.

30 Vgl. Internetquelle 6; Geers (1990), S. 30 f.

31 Vgl. Schubert (2000), S. 206.

gewicht zum Kommunismus zu schaffen, erhielten die Taiwanesen starke Finanzhilfen durch die amerikanische Regierung. Nicht zuletzt dadurch wurde dem Inselstaat eine starke wirtschaftliche Entwicklung ermöglicht.[32]

Die Volksrepublik hat die Abspaltung Taiwans nie anerkannt und betrachtet daher den Inselstaat als seine 23. Provinz. Die durch die wirtschaftliche Öffnung gewonnene Macht möchte die Zentralregierung nutzen, um Taiwan wieder stärker an das Festland zu binden. Das Angebot einer Wiedervereinigung wurde trotz des Zugeständnisses, die Selbstbestimmungsrechte der Insel aufrechtzuerhalten, von der Regierung in Taipeh abgelehnt. Auch wenn aufgrund der hohen Investitionen Taiwans in China bereits eine starke Verbindung zwischen den Ländern besteht, so möchte Taiwan seine Unabhängigkeit nicht aufgeben. Aktuell verstärkt die chinesische Regierung jedoch den Druck. Indem sich China weigert, Kontakt zu Ländern aufzunehmen, die mit Taiwan weiterhin in Beziehung stehen, soll eine Isolation Taiwans erreicht werden.[33]

Hongkong

Hongkong fiel als Folge des ersten Opiumkrieges an England. Bereits während des Zweiten Weltkrieges kam es zu diplomatischen Verhandlungen zwischen Großbritannien und China hinsichtlich einer frühzeitigen Rückgabe des Gebietes. Der Sieg der Kommunisten im Bürgerkrieg mit Japan bewirkte einen Abbruch des Dialogs.[34]

Erst 1982 wurden erneut Gespräche über die Zukunft Hongkongs aufgenommen. Die Briten hofften zunächst auf die Anerkennung des Annexionsvertrages. Die Volksrepublik lehnte diesen indes kategorisch ab und strebte vielmehr nach der kompletten Eingliederung der ehemaligen Kronkolonie. Schnell wurde allerdings klar, dass die Erhaltung des Sonderstatus Grundvoraussetzung für die Rückgabe sein würde. Dies lag auch im Interesse der chinesischen Reformer, die das enorme Wirtschaftspotenzial der Stadt allein auf diese Weise nutzen konnten. 1984 stimmte die britische Regierung zu, Hongkong 1997 an China zurückzugeben. Als Sonderverwaltungszone genießt Hongkong ein hohes Maß an Autonomie in sämtlichen politischen sowie wirtschaftlichen Belangen und gilt daher als eine der liberalsten Marktwirtschaften der Welt.[35]

---

32 Vgl. Schubert (2000), S. 207 f.

33 Vgl. Schubert (2000), S. 218.

34 Vgl. Meissner (2000), S. 222.

35 Vgl. Meissner (2000), S. 223 f.

Die Industrieproduktion von Elektrogeräten, Spielwaren sowie von Textilien spielte bis zur Mitte der 80er-Jahre eine große Rolle. Durch die Öffnung der Volksrepublik und die attraktiven Standortbedingungen sind gleichwohl zahlreiche Unternehmen auf das Festland abgewandert. Lediglich die Hightech-Produktion ist in Hongkong verblieben. Auch der Logistikstandort leidet unter enormem Konkurrenzdruck durch die Hafenstädte Chinas. Im Laufe der Zeit ist es der Sonderverwaltungszone gelungen, sich im Dienstleistungssektor zu etablieren, weshalb sie heute eines der bedeutendsten Finanzzentren Asiens repräsentiert. Starkes Wachstum hat ebenfalls der Tourismus zu verzeichnen. Vor allem der Einzelhandel profitiert indes von den Festlandchinesen, die Hongkong als Einkaufsparadies nutzen.[36]

Macao

Nach Aufnahme diplomatischer Beziehungen zwischen Portugal und China begannen 1985 die konkreten Rückgabeverhandlungen zwischen den Ländern. 1987, etwa ein Jahr, nachdem die britische Regierung der Rückgabe Hongkongs zustimmte, willigten auch die Portugiesen ein, die ehemalige Kolonie 1999 in die Volksrepublik China zu integrieren.[37]

Die Haupterwerbsquellen liegen im Tourismus und im Glücksspiel. Da dieses, anders als im benachbarten Hongkong, legal ist, existiert ein reger Pendelverkehr zwischen den beiden Sonderverwaltungszonen. Von wirtschaftlicher Bedeutung sind daneben die Herstellung von Feuerwerkskörpern sowie Textilien.[38]

Auffallend ist, dass sich im Gesamtgebiet der Volksrepublik China zwei grundsätzliche wirtschaftliche Systeme befinden, die zueinander in Konkurrenz stehen. Während das Festland weiterhin sozialistisch geprägt ist, halten Hongkong, Macao und Taiwan weiterhin am kapitalistischen System fest. Die von der Regierung gewünschte Wiedervereinigung setzt jedoch die Akzeptanz der zwei politischen Systeme voraus.

3.1.4 Das politische System in der Volksrepublik China

Das politische System in China entspricht dem Modell einer zentralisierten Parteiendiktatur. Angelehnt an die leninistischen Prinzipien handelt es sich bei der Kommunistischen Partei Chinas um eine Kaderpartei sowjetischen Vorbilds mit uneingeschränkten Entscheidungs- und Interventi-

---

36 Vgl. Goswin et al (1996), S. 78-79; Internetquelle 8.

37 Vgl. Taubmann (2000), S. 54.

38 Vgl. Goswin et al (1996), S. 77; Taubmann (2000), S. 54.

onsbefugnissen in allen Bereichen des gesellschaftlichen Lebens. Die offiziellen acht demokratischen Parteien in China sind der Partei untergeordnet und bilden somit keine wirkliche politische Konkurrenz. Demnach handelt es sich bei der Volksrepublik um einen Ein-Parteien-Staat.[39]

Faktisch weist das System der Volksrepublik keine Gewaltenteilung auf. Der Mangel an Kontrollinstanzen führt dazu, dass Hierarchielinien und informelle Vorgänge der Machtausübung die Politik dominieren. Verfassung und Gesetz werden oftmals flexibel ausgelegt und dienen nicht als klares Konstrukt für politisches Handeln. Da die Interessen der Partei stets Priorität genießen, gibt es auch keinerlei Kontrollgremien, die gemäß dem System der Gewaltenteilung die Autoritätsbereiche voneinander trennen. Der Führungskader der Kommunistischen Partei Chinas besetzt dementsprechend fast alle Schlüsselfunktionen in den politischen und gesellschaftlichen Bereichen.[40]

Bei den Staatsorganen handelt es sich prinzipiell nur um Vollzugsorgane, die weder eigenständige Verantwortlichkeit besitzen noch externen Kontrollen unterliegen. Den zentralen Staatsapparat Chinas bilden der Nationale Volkskongress, der Staatsrat, die Zentrale Militärkommission, der Oberste Gerichtshof sowie die Oberste Volksstaatsanwaltschaft. Als höchstes Staatsorgan fungiert dabei der Nationale Volkskongress. Er wird ebenso wie die lokalen Volkskongresse indirekt für die Dauer von fünf Jahren bestimmt. Die Wahleinheiten bilden die Provinzen, die autonomen Gebiete, die regierungsunmittelbaren Städte sowie die Sonderverwaltungszonen. Die rund 3000 Abgeordneten gehören zu 70 % der kommunistischen Partei an und tagen einmal im Jahr für ein bis zwei Wochen. Allein aufgrund der Größe und der geringen Tagungsdauer handelt es sich um kein effektives Gesetzgebungsorgan. Die Mehrzahl der Gesetze wird aus diesem Grund über den ständigen Ausschuss verabschiedet, der aus 150 Mitgliedern des Nationalen Volkskongresses besteht und alle zwei Monate mehrtägig tagt.[41]

Der Präsident der Volksrepublik China sowie der stellvertretende Staatspräsident werden durch die Nationale Volkskammer ernannt. Die Legislaturperiode für diese beiden Ämter beträgt wie für den Nationalen Volkskongresse fünf Jahre. Dabei dürfen der Präsident sowie der Stellvertreter das Amt nicht länger als in zwei aufeinander folgenden Amtsperioden auszuüben. In Zusammenarbeit mit dem Nationalen Volkskongress bzw.

---

39 Vgl. Internetquelle 6.

40 Vgl. ebd.

41 Vgl. Geers (1990), S. 30 f; Internetquelle 6.

dem ständigen Ausschuss obliegt es dem Präsidenten, die beschlossenen Gesetze zu erlassen. Zusätzlich trifft er Personalentscheidungen hinsichtlich der Besetzung politischer Ämter und entsendet Botschafter in andere Länder. Ferner liegen die Verhängung des Ausnahmezustands, der Erlass von Amnesien sowie die Erklärung des Kriegszustands in seinem Geltungsbereich. Der jetzige Staatspräsident ist Hu Jintao; als stellvertretender Staatspräsident amtiert Zeng Qinghong.[42]

Die Durchführung der Gesetzgebung obliegt in der Volksrepublik der zentralen Volksregierung. Zu den Mitgliedern der Regierung gehören die Ministerpräsidenten, Staatsräte, die Vorsitzenden der Staatskommissionen, der Präsident der Oberrechnungskammer sowie der Generalsekretär. Als ausübendes Organ befasst sich die Regierung mit sämtlichen administrativen Fragen, mit der Verwaltung der wirtschaftlichen Arbeit und mit den Angelegenheiten im Sozialbereich. Des Weiteren erstreckt sich ihr Zuständigkeitsbereich auch auf alle auswärtigen Angelegenheiten. Die Ausübung der Regierungsaufgaben erfolgt über die jeweiligen zweckbezogenen Ministerien und Kommissionen (der jetzige Ministerpräsident ist Wen Jiabao). Die Besetzung aller hochrangigen Regierungspositionen findet dabei durch die Kommunistische Partei Chinas statt.[43]

3.2 Die ökonomische Entwicklung Chinas

3.2.1 Gründe für die Reformierung des Wirtschaftssystems

Die Reformpolitik in der Volksrepublik China weist wesentlich andere Charakterzüge auf als die in den ehemaligen sozialistischen Staaten Osteuropas. Folglich existieren zwei unterschiedliche Reformstrategien – die Schocktherapie und der Gradualismus. Bei der Schocktherapie, wie sie in den osteuropäischen Ländern stattgefunden hat, wird davon ausgegangen, dass aufgrund der Einführung von Marktpreisen das planwirtschaftliche Gefüge von innen zusammenbricht und der Staat durch ordnungspolitische Maßnahmen eine Marktwirtschaft errichten kann. Eine grundlegende Rolle spielen dabei die Faktoren Privatisierung und Marktliberalisierung.[44]

Demnach lässt sich in China eine andere ideologische Einstellung erkennen. Ziel der Reformen waren nicht die Beseitigung sozialistischer Strukturen und der Aufbau einer Marktwirtschaft, sondern vielmehr die Errich-

---

[42] Vgl. Internetquelle 6; Geers (1990), S. 29.

[43] Vgl. Internetquelle 6.

[44] Vgl. Pu (1996), S. 1; Schüller (2000), S. 278.

tung eines bilateralen System, das marktwirtschaftliche mit planwirtschaftlichen Elementen verknüpft.[45]

Im Vergleich zu anderen Ländern zeigen sich in China Parallelstrukturen. Statt die komplette Privatisierung staatlicher Unternehmen voranzutreiben, wurden ausländische Investments zugelassen. Chinas Übergangsphase von der Planwirtschaft in eine neue Wirtschaftsform, die als sozialistische Marktwirtschaft bezeichnet werden kann, ist noch nicht abgeschlossen. Im Vergleich zu den Veränderungsprozessen anderer Länder vollziehen sich strukturelle Wandlungen in der Volksrepublik deutlich langsamer. Einmal erreichte Neuerungen erweisen sich im Gegenzug aber als wesentlich stabiler.[46] Das liegt nicht zuletzt an der stufenweisen Vorgehensweise der chinesischen Regierung. Reformen werden zunächst in den Bereichen initiiert, in denen mit wenig Widerstand zu rechnen ist. Sind sie dort erfolgreich, so werden sie auch auf komplexere Sektoren übertragen.[47]

Die Motive für die Einleitung einer wirtschaftlichen Reform in China sind vielfältiger Natur. Der Fokus lag zu Beginn der Bestrebungen nicht darin, marktwirtschaftliche Strukturen zu schaffen, sondern im Rahmen politischer Reformen der Notwendigkeit der Veränderung Rechnung zu tragen. Ziel war es, das eigene Wirtschaftswachstum, das seit der Einführung des 5–Jahres-Planes rückläufig war, wieder voranzutreiben. Die Degeneration setzte die Kommunistische Partei dahin gehend unter Druck, ihre Glaubwürdigkeit zu verlieren, veränderten sich die westlich geprägten Wirtschaftssysteme doch schneller und arbeiteten effizienter.[48]

Zu dieser Zeit lag das Einkommen in China deutlich unter dem anderer chinesischer Gemeinschaften außerhalb der Volksrepublik. Demzufolge befand sich zugleich der Lebensstandard auf einem wesentlich niedrigeren Niveau. Ein Indikator für diesen Zustand bildet die Konsumentwicklung in China im Gegensatz zu der in Taiwan, Singapore oder Hongkong. Dort konnte eine Konsumquote von 6-9 % verzeichnet werden, während die der Volksrepublik lediglich 1-2 % betrug und dabei nur auf den öffentlichen Verbrauch und nicht auf den privaten Konsum zurückzuführen war.[49]

---

45 Vgl. Yue (1997), S. 47-48; Schüller (2000), S. 279.
46 Vgl. Schüller (2000), S. 279.
47 Vgl. Chai (1998), S. 7.
48 Vgl. Chai (1998), S. 2.
49 Vgl. Chow (2002), S.46-47

Als weiterer Grund ist die Ineffizienz beim Gebrauch der Ressourcen im alten Wirtschaftssystem anzuführen. So lag die Faktorproduktivität in der Periode von 1952-1957 bei 3 %, um dann weiter abzunehmen und seit 1957 negative Zahlen zu verbuchen. Bei einer abnehmenden Faktorproduktivität kann Wirtschaftswachstum allein durch die Veränderung der Faktoren Arbeit und Kapital erreicht werden. Dabei steigen das Investitionskapital und der Faktor Arbeit nur an, wenn am Konsum gespart wird bzw. weniger Freizeit zur Verfügung steht. Folglich wäre ein Wirtschaftswachstum im alten System ausschließlich zulasten des Gemeinwohls möglich gewesen.[50]

Der Reformbedarf offenbarte sich ebenfalls im Hinblick auf die markante Rückständigkeit der chinesischen Industrie. Bevor die Umstrukturierungen den industriellen Sektor erreichten, lagen die Industrieanlangen im Durchschnitt 20-30 Jahre hinter dem Weltstandard zurück.[51]

Dieser enorme Abstand ließ sich nur durch Innovation aus dem eigenen Know-how heraus oder durch Technologietransfer schließen. Beide Möglichkeiten boten für China keine adäquaten Lösungen. So war das Land nicht dazu fähig, eigene Techniken mit Weltniveau zu entwickeln. Aber auch der Technologietransfer war nur beschränkt möglich. In Bezug auf die politischen Ideologien standen als Partnerländer nur die Ostblockstaaten oder die Sowjetunion zur Verfügung, die teilweise mit demselben Problem zu kämpfen hatten. Zusätzlich war der Import ausländischer Technologien durch den Mangel an Devisen eingeschränkt. Die Devisenbeschaffung ihrerseits war lediglich schwer möglich, da die Industrie Chinas nicht in der Lage war, exportfähige Güter zu produzieren. Ferner existierten keinerlei Preis- oder Einkommensanreize für die Staatsbetriebe zur Implementierung fremder Technologieansätze.[52]

Zum Zeitpunkt des Reformbeginns war die chinesische Wirtschaft sehr unausgewogen, da die chinesische Regierung bis dahin der stalinistischen Wirtschaftsausrichtung folgte, die ihren Fokus auf die Schwer- und Maschinenindustrie legte. Anderen Branchen und der Landwirtschaft wurden nur untergeordnete Rollen zugewiesen. Die staatlichen Behörden waren demnach unfähig zur Herstellung eines wirtschaftlichen Gleichgewichts. Durch die Planwirtschaft sollten Angebot und Nachfrage einander angeglichen werden. Dieses System wird indes dann ineffektiv, wenn die Informationskosten hoch sind und damit der Grad an Komplexität steigt.

---

50 Vgl. Chai (1998), S. 3, Chow (2002), S.46-47

51 Vgl. Chai (1998), S. 4.

52 Vgl. Chai (1998), S. 3.

Bürokratie und Verwaltungsaufwand sind demnach kennzeichnend für die zentrale Planwirtschaft. Die Unzulänglichkeiten des Planungssystems zeigten sich vor allem im Transportsystem, im Bereich der Energiewirtschaft, aber auch in der Produktion sowie der Verteilung von Baumaterial. So blieben in den späten 70er-Jahren 25 % der Kapazitäten in der industriellen Produktion aufgrund fehlender Elektrizität ungenutzt. Aber auch die Nachfrage nach Baumaterialien wie Stahl und Zement blieb weitgehend unbefriedigt.[53]

Erst durch das Ende der Ära Mao Zedongs im Jahre 1976 und dem damit verbundenen Aufstieg des Reformers Deng Xiaopeng konnten die längst notwendigen strukturellen Veränderungen auf den Weg gebracht werden.[54]

Der Reformprozess in China ist noch lange nicht abgeschlossen. An dieser Stelle soll es gleichwohl nicht das Ziel sein, alle reformpolitischen Maßnahmen der Regierung seit Beginn der Änderungspolitik darzustellen. Es werden vielmehr drei primäre Sektoren betrachtet, deren Umstrukturierung zunächst wirtschaftliche und dann auch politische Änderungen forcierten.

3.2.2 Die Reform des Agrarsektors

Die erste Phase des Reformprozesses war zunächst im landwirtschaftlichen Bereich zu spüren. Der Übergang von der Planwirtschaft zu marktwirtschaftlichen Strukturen war und ist stark geprägt durch die Transformation der Agrarwirtschaft in eine Industriegesellschaft. Dieser Prozess ist noch nicht beendet. Der Großteil der ländlichen Bevölkerung ist weiterhin im Agrarsektor beschäftigt.[55]

Der erste Reformschritt beinhaltete die Dezentralisierung des ländlichen Kollektiv- und Kommunesystems als auch eine Ausweitung der privaten Bewirtschaftung. Gleichzeitig wurden sämtliche Beschränkungen hinsichtlich der einzelwirtschaftlichen Produktion im Bereich der landwirtschaftlichen Nebenzweige aufgehoben.[56]

Dabei wurden die Produktionsgruppen zunächst verkleinert und setzten sich nunmehr aus drei bis fünf bäuerlichen Familienbetrieben zusammen. Sie wirtschafteten selbstständig und besaßen nach Leistung der Pflicht-

---

53 Vgl. Chai (1998., S. 4-5.

54 Vgl. Awater (1998), S. 210; Chan, S. 5.

55 Vgl. Schüller (2000), S. 280, Chow (2002), S.48.

56 Vgl. Pu (1996), S. 6-8; Awater (1998), S. 227.

verkäufe an den Staat das Recht zur freien Verwendung der Überschüsse. Zudem wurde es den Bauern sukzessive freigestellt, in den bestehenden Arbeitsgruppen zu verbleiben oder aber eigenständig zu wirtschaften und die Produktionsverantwortung selbst zu tragen. Das Eigentum der Nutzfläche und an den Produktionsmitteln (Zug- und Lasttiere, Maschinen etc.) verblieb jedoch bei der Arbeitsgruppe. Daneben setzte der Staat finanzielle Anreize für die Bauern, indem er die Abnahmepreise für landwirtschaftliche Produkte erhöhte. Die Finanzierung dieser Maßnahme erfolgte über den Staatshaushalt und wurde dadurch nicht auf die Verbraucher umgelegt. [57]

Die erste Reformphase zeigte Wirkung. Temporär war eine Einkommenserhöhung im ländlichen Bereich zu beobachten und die Disparitäten zwischen Stadt und Land nahmen ab. Das bis heute andauernde Wachstum im städtischen Bereich hat diese kurzfristige Entwicklung erneut gestoppt. Dabei wurden bis zu diesem Zeitpunkt nur Merkmale der eigentlichen Marktmechanismen in die Planungsperiode aufgenommen. Planung verkörperte demnach immer noch den Hauptmechanismus. [58]

Die zweite Phase der Reform war zum einen geprägt durch die weitere Liberalisierung der Agrarmärkte und –Preise, zum anderen durch die starken Schwankungen der landwirtschaftlichen Produktion. Zurückzuführen sind diese unter anderem auf die steigenden Produktionskosten für die Bauern sowie die damit verbundene Abwanderung in andere Einkommensquellen. Die Migration vollzog sich dabei vorwiegend in Richtung Stadt, da für überschüssige Arbeitskräfte auf dem Land kaum alternative Arbeitsmöglichkeiten zur Verfügung standen. Zugleich nahm die staatliche Förderung in Form von Investitionen nach und nach ab. Die bis dahin zur Verfügung stehenden Fördergelder konzentrierten sich nun auf die industrielle Produktion. Diese war indessen noch nicht in der Lage, den gesamten ländlichen Bedarf an Düngemitteln und Pestiziden zu stillen. [59]

Im engen Zusammenhang mit den Reformen im Agrarsektor stand die Herausbildung der Kleinbetriebe. Diese konzentrierten sich jedoch meist auf die Küstenregionen und trugen dazu bei, die überschüssigen lokalen Arbeitskräfte aufzufangen. Ferner konnte die Zentralregierung zusätzliche Steuereinnahmen generieren.[60]

---

57 Vgl. Yue (1997), S. 49; Opper (1999), S. 123-125.; Schüller (2000), S. 283 ff. ; Chai (1998), S. 13.

58 Vgl. Schüller (2000), S. 280 ff.; Chai (1998), S. 5.

59 Vgl. Chow (2002), S.48.

60 Vgl. Yue (1997), S. 45; Schüller (2000), S. 283 ff, Vgl. Larsen (1996), S.159.

3.2.3 Die Neugestaltung der Industrie

Die zweite Phase der Reformpolitik ab 1984 beschäftigte sich im Wesentlichen mit der Umstrukturierung des industriellen Sektors. Die staatseigene Industrie hatte bis zu diesem Zeitpunkt mit enormen Effizienzproblemen zu kämpfen. Der Beitrag der staatseigenen Unternehmen an Beschäftigung und Wachstum war bereits seit geraumer Zeit rückläufig. Das Ziel der Reform bestand – ähnlich wie im Agrarsektor – in der Dezentralisierung der Entscheidungen, um dadurch Effizienzsteigerungen zu generieren. Zunächst wurde dem Management autonome Entscheidungsfreiheit in den Bereichen Produktion und Vermarktung eingestanden. Darüber hinaus konnte es unabhängig über die Verteilung der Gewinnanteile verfügen und Kontakt zu ausländischen Regierungen zur Veräußerung der Produkte aufnehmen.[61]

Diese Maßnahmen führten allerdings nicht zum gewünschten Erfolg, da das System keine Transparenz der Prozesse zuließ und die Verhandlungen mit den Behörden über die Festsetzung der Gewinnanteile sehr langwierig waren. Aus diesem Grund wurde Mitte der 80er-Jahre eine Gewinnsteuer festgesetzt, welche die Abgabe von Unternehmensgewinnanteilen ersetzte. Zusätzlich wurde ähnlich dem System im Agrarsektor ein duales Preissystem mit Festpreisen für die staatlichen Abgaben sowie freie Preise auf dem offenen Markt eingeführt.[62]

Durch die Zulassung privater Unternehmen sollte der Konkurrenzdruck auf die Staatsbetriebe erhöht werden, um dadurch die Effizientbestrebungen voranzutreiben. Da die Transformation nur langsam voranschritt, wurden ab 1993 Pilotprojekte ins Leben gerufen, welche die Unternehmensreform schneller voranbringen sollten. Dabei erfuhren Betriebe in den Bereichen Telekommunikation, Transport, Bergbau und Bankwesen einen gesonderten Schutz vor der nun neu zugelassenen ausländischen Konkurrenz.[63]

Betrachtet man das Ergebnis der Reform in diesem Sektor, so ist festzustellen, dass die Entwicklung nicht die Erwartungen erfüllte. Zahlreiche staatseigene Betriebe wären ohne besonderen Schutz nicht konkurrenzfähig. So bestätigen Untersuchungen, dass Investitionsmittel noch immer nicht effizient zum Einsatz kommen. Auch ist die Wertschöpfung pro Arbeitskraft wesentlich geringer als im nichtstaatlichen Sektor. Vor allem

---

[61] Vgl. Chai (1998), S. 51; Awater (1998), S. 260.

[62] Chow (2002), S.49-51.

[63] Vgl. Schüller (2000), S. 285.

Unternehmen mit kapitalintensivem Aufwand, wie z. B. die Militär-, Kohle oder Erdölindustrie, sind weit davon entfernt, wirtschaftlich zu arbeiten. Dies ist indes ebenfalls den wirtschaftspolitischen Barrieren geschuldet. Durch die staatlichen Preiskontrollen werden die Gewinnmöglichkeiten der Unternehmen beschränkt. Die Entscheidungsmöglichkeiten sind daher begrenzt.[64]

Die vollständige Privatisierung der angegriffenen Staatsunternehmen wird gleichwohl weiterhin von mehreren Seiten abgelehnt. Die Lokalregierungen blockieren diese Bestrebungen, da sie einen damit einhergehenden Kontrollverlust befürchten. Sie wollen ihre ökonomische Machtstellung beibehalten, da die Regionen in Bezug auf Steuerzahlungen und der Aufnahme von Beschäftigten im Wesentlichen von den staatlichen Betrieben abhängig sind.[65]

Deutlich wird, dass der Umstrukturierungsprozess bei Weitem noch nicht abgeschlossen ist. Schätzungen zufolge gibt es in den staatseigenen Betrieben noch ca. 15. Mio. überflüssige Arbeiter, die aufgrund staatlicher Beschränkungen des Managements nicht entlassen werden können. Die momentan erwirtschafteten Verluste werden durch Transferleistungen sowie durch Subventionen aus dem Bankensystem aufgefangen.[66]

Die Reformen waren bisher nicht in der Lage, ein marktwirtschaftliches System zu gestalten, das auch für die staatseigenen Betriebe Anreize zu wirtschaftlichem Handeln gibt. Vielmehr fällt auf, dass die Handlungsalternativen des Managements durch opportunistisches Verhalten geprägt sind. Vor allem Industriestandorte in Nordost- und Zentralchina haben mit diesen Problemen zu kämpfen.[67]

3.2.4 Die Öffnung des chinesischen Wirtschaftsraumes für ausländische Unternehmen

Neben den Reformen im Bereich der Agrar- und Industriewirtschaft sollte vor allem der Import ausländischer Technologien der Binnenwirtschaft Entwicklungsimpulse setzen. Doch in den Staatsbetrieben mit veralteten Anlagen und nicht ausgebildetem Personal konnte die neue Technik nicht benutzt werden. Die Zentralregierung in Peking musste zu Beginn der 80er-Jahre feststellen, dass die Umstrukturierung und die damit einher-

---

64 Chow (2002), S.49-50.

65 Vgl. Chai (1998), S. 78; Schüller (2000), S. 284.

66 Vgl. Schüller (2000), S. 286.

67 Vgl. Schüller (2000), S. 286 f.

gehende Modernisierung der wirtschaftlichen Strukturen nur durch eine Öffnung des Landes für ausländisches Kapital zu erreichen waren. Aus diesem Grund wurde im Juni 1979 – konträr zur bis dahin durchgeführten Außenwirtschaftspolitik – ein Gesetz erlassen, welches die Eingehung von Joint Ventures zwischen chinesischen Unternehmen sowie ausländischen Investoren ermöglichte. Bis zu diesem Zeitpunkt war die Volksrepublik vor ausländischem Privatkapital abgeschottet. Die externen Gelder dienten nicht nur zur Schließung der Lücke zwischen Ersparnis und Investitionsbedarf, sondern auch um die Managementfähigkeiten der Chinesen zu erhöhen und den gewünschten Technologietransfer durch den Aufbau von Unternehmen in China zu fördern. Die bis dahin übliche Finanzierung der Technikimporte durch Auslandskredite wurde durch die Devisenbeschaffung über die Joint Ventures abgelöst.[68]

Die Errichtung von vier Sonderwirtschaftszonen im August und Oktober 1980 trug dazu bei, Investoren für das Land zu interessieren. Die Gebiete Shenzhen, Shantou, Zhuhai (Provinz Guangdong) und Xiamen (Provinz Fujian) erhielten die Möglichkeit, eine flexible Sonderpolitik zu betreiben und attraktive Niederlassungskonditionen für ausländische Unternehmer anzubieten. Neben dem Transfer von Management-Know-how und Technologien sollten die Sonderwirtschaftszonen das Exportwachstum fördern und die Handelsbilanz verbessern. Außerdem erhoffte sich die Zentralregierung, dass das Wachstum in den Zonen auch auf die benachbarten Gebiete übergreifen würde. Zudem erhielt Peking die Möglichkeit, neue Reformen zunächst separat zu testen, um sie dann gegebenenfalls auf das gesamte Land zu übertragen. Die Wahl der Standorte für die Sonderwirtschaftszonen war weniger ökonomisch denn politisch geprägt. Die Nähe zu Macao, Taiwan und Hongkong sollte die Abhängigkeit der Gebiete zum Festland fördern. Allein die Ernennung von Xiamen als traditionellen Küstenort wies einzig wirtschaftliche Hintergründe auf.[69]

Die Öffnung der Volksrepublik hatte gerade in den Anfangsjahren vorwiegend symbolischen Charakter. Erst die Verleihung von Sonderrechten an 14 weitere Küsten- und Hafenstädte wie Shanghai, Tianijin, Guangzhou, Wenzhou, Fuzhou und Dalian sowie die Errichtung von offenen Wirtschaftszonen am Yangzi-Fluss (Provinz Zhejiang), Perlflussdelta (Zhujiang in der Provinz Guangdong) und im Dreiecksgebiet des südlichen Fujian erzeugte die gewünschten Impulse für die Gesamtwirtschaft. Vor

68 Vgl. Awater (1998), S. 279 f.; Chai (1998), S. 139; Schüller (2000), S. 288; Geers (1990), S. 135 f.

69 Vgl. Goswin et al. (1996), S 66-67 ; Bolz et al. (1990), S. 83 f; Awater (1998), S. 278 ff.

allem niedrige Steuersätze, günstigere Abschreibungskonditionen sowie liberale Verwaltungsmethoden trugen zur Ansiedlung von Kapital bei.[70]

Dem Wunsch, die Exportkapazitäten auszubauen, gingen indes notwendige Importe von Maschinen und Anlagen voraus. Durch die Fähigkeit, die notwendigen Technologien sukzessive selbst zu fertigen, sollte die Abhängigkeit von ausländischen Importen durch die Modernisierung der Binnenwirtschaft nach und nach abnehmen. Zunächst war die Binnennachfrage ausschlaggebend für den Aufbau von Produktionskapazitäten; die Erzielung komparativer Kosten- und Wettbewerbsvorteile trat erst zu einem späteren Zeitpunkt in den Vordergrund – spätestens nachdem auch China feststellen musste, dass der stetige Technologiewandel keine vollständige Unabhängigkeit von den westlichen Entwicklungen ermöglichte. Mittlerweile hält die Volksrepublik den größten Anteil an lohn- und arbeitsintensiver Produktion.[71]

In den 80er-Jahren wurde in den Sonderwirtschaftszonen durch die Konzentration auf die Weiterverarbeitung von Importgütern der Grundstein für das immer noch anhaltende Wirtschaftswachstum in den Gebieten gelegt. Doch anders als gewünscht, war und ist das Wachstum regional begrenzt. Gleichwohl trugen die Auslandsdirektinvestitionen wesentlich dazu bei, die inländische Währung zu stabilisieren und die Voraussetzung für den Import von Investitions- und Konsumgütern zu schaffen.[72]

3.2.5 Konsequenzen des WTO-Beitritts

Der Wunsch der chinesischen Führung, der WTO beizutreten, ist als Weiterführung der Reformpolitik zu betrachten. Die Veränderung des chinesischen Wirtschaftssystems, die weitere Anpassung an marktwirtschaftliche Strukturen sowie die damit einhergehende wirtschaftliche Öffnung und Liberalisierung werden jedoch unumgänglich sein.[73]

Mitte der 90er-Jahre begann ein Umdenken bei der politischen Führung. Es stellte sich die Frage, ob das bis zu diesem Zeitpunkt erzielte Wirtschaftswachstum durch die punktuelle Strukturpolitik von Dauer sein

---

70 Vgl. Geers (1990), S. 137 f.; Bolz et al. (1990), S. 92 f.; Zander/Richter (1992), S. 139 f.; Awater (1998), S. 279.

71 Vgl. Zander/Richter (1992), S. 138 f.; Awater (1998), S. 286 ff; Goswin et al (1996), S. 67.

72 Vgl. Awater (1998), S. 291.

73 Vgl. Kahl (2001), S. 1.

würde. Der einsetzende Konjunkturabschwung und die sinkenden Direktinvestitionen in China wiesen auf die Problematik hin.[74]

Der Beitritt Chinas verzögerte sich nicht nur aufgrund der zähen Verhandlungen mit den USA und der Europäischen Union, sondern auch aufgrund des Widerstandes des konservativen Blocks im Inneren der Volksrepublik. Dieser wollte an den ideologischen Grundsätzen sowie an der protektionistischen Wirtschaftspolitik festhalten. Die Geschlossenheit der Regierung trug dazu bei, diese Konflikte zu bewältigen und das Vertrauen der internationalen Partner in Bezug auf die Ernsthaftigkeit der Beitrittsabsicht zu stärken. Im Dezember 2001 erfolgte der Abschluss aller Verhandlungen und China trat der WTO bei.[75]

Vor allem die Globalisierungsbefürworter sehen durch den Beitritt die Möglichkeit, China in die wirtschaftliche Weltgemeinschaft einzubinden und dadurch einheitliche Rahmenbedingungen zu schaffen. Hinzu kommt die Hoffnung, dass die Änderung der wirtschaftlichen Strukturen gleichermaßen politische Reformen begünstigt. Die Mitgliedschaft erfordert von der Zentralregierung Zugeständnisse im Bereich der Zollpolitik sowie im Bereich des Dienstleistungssektors. So mussten die Zölle auf importierte Industriegüter bis 2005 auf 9-10 %, die für Autos auf 25 % gesenkt werden. Für Agrarprodukte sollten die Zölle ebenfalls um ca. 5 % reduziert werden. Der Dienstleistungssektor sollte mit Ausnahme der Kultur- und Medienwirtschaft für ausländische Unternehmen zugänglich gemacht werden. Mehrheitsbeteiligungen ausländischer Investoren an chinesischen Unternehmen bleiben durch die Festlegung von Obergrenzen jedoch ausgeschlossen. So ist es bspw. Handelsunternehmen möglich, ihre Waren ohne chinesischen Zwischenhändler einzuführen und an den Endkunden zu veräußern. Ausländische Banken dürfen nun ebenfalls in China tätig werden. Die Erlaubnis für die Betreibung des Privatkundengeschäfts sollten sie allerdings erst nach fünf Jahren Marktpräsenz erhalten. Diese Regelung wurde mittlerweile abgeschafft.[76]

Zusätzlich steht der Schutz des geistigen Eigentums im Fokus der neuen Gesetzgebung. Demnach ist dieses unter Berücksichtigung aller relevanten Gesetze und administrativer Regularien zu sichern. Das Problem der Produktpiraterie ist in fast allen Bereichen allgegenwärtig. Allein 2005 handelte es sich bei 93 % der verkauften Filme um Raubkopien. Auch wenn der Einsatz neuer Software das Aufspüren von Produktpiraten über

---

74 Vgl. Lieberthal/Lieberthal (2003), S. 72; Kahl (2001), S. 4.

75 Vgl. Kahl (2001), S. 4 f.

76 Vgl. Chow (2002), S. 77; Kahl (2001), S. 12.

das Internet erleichtert, wird der Vertrieb gefälschter Markenartikel über andere Distributionskanäle kaum geahndet. So lobenswert die Sensibilisierung der Volksrepublik China für dieses Problem ist, so viel schwerer wird es allerdings sein, ein Bewusstsein für die Wahrung von Eigentumsrechten zu schaffen und die juristische Unabhängigkeit von wirtschaftlichen Interessen zu gewährleisten.[77]

Für die Volksrepublik ergeben sich ebenfalls Vorteile. So erhält China durch den Beitritt sämtliche Handelsvorteile, die sich die WTO-Mitglieder untereinander einräumen. Die Prognosen der Weltbank sagen voraus, dass Chinas Anteil am Welthandel durch den Beitritt bis 2020 auf ca. 10 % ansteigen wird. Die ausländischen Direktinvestitionen werden sich vermutlich sogar verdoppeln.[78]

Die Rahmenbedingungen für den chinesischen Reformprozess haben sich mit dem WTO-Eintritt geändert. Bisherige Umstrukturierung wurden sukzessive vorgenommen und bei der Herausbildung von Fehlentwicklungen rückgängig gemacht oder abgebrochen. Durch den Beitritt unterliegen die Systemänderungen anderen Voraussetzungen. Die Durchführung der einzelnen Maßnahmen muss nicht nur transparent erfolgen, sondern unterliegt zugleich der Erfolgskontrolle durch die WTO.[79]

Doch fast sechs Jahre nach dem Eintritt sind die Markthemmnisse für ausländische Unternehmen noch nicht beseitigt. Auch wenn die Regierung Importzölle gesenkt, Staatsmonopole eingeschränkt sowie den Markt für einige ausländische Dienstleister geöffnet hat, ist der Zugang zum Markt China weiterhin durch hohe Eintrittsbarrieren geprägt. Insgesamt haben sich die Bedingungen für ausländische Unternehmen verbessert. Die Frage wird sein, wie viel Druck die WTO auf die Volksrepublik China zukünftig ausüben muss, damit alle mit dem Beitritt verbundenen Zusagen auch eingehalten werden. Wie lange die Umsetzungsphase andauern wird, ist ebenfalls ungewiss.[80]

Für die Zentralregierung hält China immer noch den Status eines Entwicklungslandes. Weitergehende Anpassungen im Rahmen des WTO-Beitritts sind zu diesem Zeitpunkt nicht möglich. Die USA und die EU haben der Volksrepublik diesen Status aufgrund des stetig steigenden Handelsvolumens längst aberkannt und drängen auf eine Forcierung der Liberalisierung. Aus diesem Grund nehmen die Klagen vor der WTO wegen

---

77 Vgl. Wang (2006), S. 45; Yang Bosco (2004), S. 14.

78 Vgl. Kahl (2001), S. 6.

79 Vgl. Chow (2002), S. 77; Kahl (2001), S. 10.

80 Vgl. Wang (2001), S. 46 f.

der Behinderung des Marktzuganges sowie der Verletzung von Eigentumsrechten zu.

3.3 Regionale Disparitäten in der Einkommensverteilung

Nach dem Reformbeginn im Agrarsektor waren die Einkommensunterschiede zwischen den ländlichen und urbanen Provinzen rückläufig. Die bis zu Beginn der 80er-Jahre durchgeführte Fiskal- und Investitionspolitik verhinderte ein weiteres Auseinanderfallen. Doch seit Beginn der 90er-Jahre driftet die Spanne zwischen ländlichen und städtischen Jahreseinkommen erneut auseinander.

Abbildung 3 dokumentiert das Wohlstandsgefälle in China. Die durchschnittlichen Einkommen in den vorwiegend agrarischen Regionen liegen deutlich unter dem der entwickelten urbanen Gebiete im Osten des Landes. Demnach hat der durchschnittliche Städter ein durchschnittliches Jahreseinkommen von 10493 Yuan, rund das Dreifache eines Landbewohners.[81]

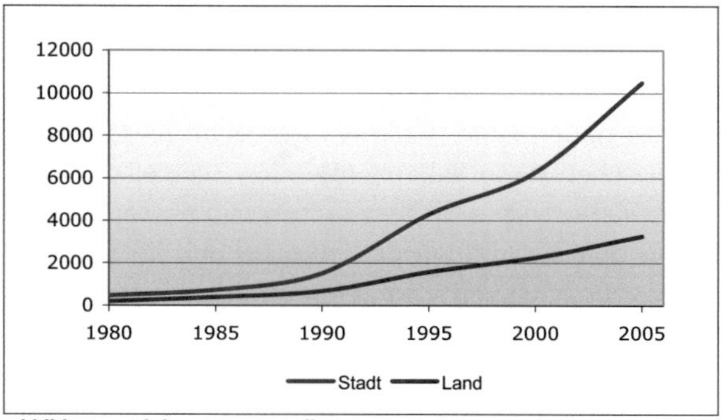

Abbildung 3: Einkommensverteilung 1980-2005
Quelle: In Anlehnung an Internetquelle 9.

Die Provinzen Zentral- und Westchinas zeigten zunächst ein gutes Entwicklungstempo, mit dem wirtschaftlichen Aufschwung der küstennahen Regionen konnten sie jedoch nicht mithalten. Die Kapitalmarkt- und Unternehmensreform sowie die Liberalisierung im Banken- und Dienstleistungssektor verstärkten die ungleiche Entwicklung zwischen den Gebieten. Hinzu kommt, dass Infrastrukturprojekte vor allem in den Boomregionen stattfanden. Für Unternehmen finden sich kaum Anreize, in struk-

[81] Vgl. Internetquelle 9.

turschwache Regionen zu ziehen, in denen die Distribution der produzierten Güter nur unter erschwerten Bedingungen möglich ist.[82]

Die Wirtschaftszentren profitierten zusätzlich von der einsetzenden Wanderbewegung der Arbeitskräfte. Arme Bauern drängten förmlich in die Boomgebiete und sorgten so für einen nicht abreißenden Strom günstiger Arbeitskräfte. Um diesen Kreislauf zu unterbrechen und das wirtschaftliche Wachstum auch auf die inneren Landesregionen zu erstrecken, wurde ein neues Steuersystem initiiert. Unternehmen sollen aufgrund der Steuervorteile in die wirtschaftlich schwächeren Regionen ziehen. Zudem hat die Zentralregierung einige staatliche Betriebe in die entsprechenden Provinzen verlegt. Experten gehen allerdings davon aus, dass die Anreize vom Staat nicht ausreichen, damit die ausländischen Unternehmen ihre Produktion verlagern. Stattdessen werden die Einkommensdisparitäten auch in den nächsten Jahren bestehen bleiben.[83]

3.4 Eine andere Welt? – Kultur und Wertvorstellungen in China

Um erfolgreich auf dem chinesischen Markt zu agieren, bleibt es unerlässlich, Kultur und Wertvorstellungen dieser Region zu verstehen. Dabei muss darauf hingewiesen werden, dass der folgende Versuch, die kulturellen Besonderheiten der chinesischen Kultur darzustellen, keinen allgemein gültigen Charakter haben kann. Vielmehr gilt es an dieser Stelle die Grundzüge der chinesischen Kultur aufzuzeigen, um die daraus resultierenden Folgen für das Marketing in diesem Kulturkreis besser zu verstehen. Dabei trägt die Globalisierung wesentlich dazu bei, Kulturen zu transformieren. Anders als zunächst vermutet, bedeutet dies jedoch nicht die reine Verwestlichung der asiatischen Welt, sondern die Aufnahmen anderer Werte unter Wahrung der eigenen Identität.[84]

Zunächst ist zu klären, was genau in diesem Zusammenhang unter dem Kulturbegriff zu verstehen ist. Laut der Definition von Clifford Geertz „... ist Kultur ein System geschichtlich überlieferter Vorstellungen, die uns in unserem Leben eine Orientierung geben und dementsprechend unsere Einstellungen und Handlungsweisen prägen".[85]

Dabei bildet die Kultur einer Nation kein starres Konstrukt, sondern erweist sich durch den Kontakt und Austausch mit anderen Kulturen oder

---

[82] Vgl. Goswin et al. (1996), S. 70-71; Schüller (2000), S. 296.

[83] Vgl. Larsen (1996), S.160.

[84] Zinzius (1996), S.31.

[85] Vgl. Pohl (2002), S. 112.➔ Clofford Geerts, „The Interpretation of Cultures, New York 1973.

aber durch die zeitliche Entwicklung innerhalb einer Volksgemeinschaft als wandelbar.[86]

Die chinesische Kultur ist sehr konträr zum westlichen Lebensstil. Das Wertesystem basiert auf den Traditionen des Konfuzianismus, des Yin-Yan-Denkens, des Daoismus und Buddhismus. Im Gegensatz zur christlichen Kultur des Abendlandes, deren Glaube auf das Jenseits und ein transzendentes Wesen ausgerichtet ist, liegt der Fokus im asiatischen Glaube in der praktischen Vernunft sowie den daraus abgeleiteten Handlungsorientierungen. Auch wenn der Konfuzianismus mit dem Untergang des Kaiserreiches sein Ende fand, so sind dessen Werte erhalten geblieben und erfahren eine Renaissance im Postkonfuzianismus.[87]

Auch im Zeitalter der Veränderungen sind die kulturellen Werte sehr stark in der chinesischen Welt verankert und werden auch von jungen Chinesen entsprechend der Traditionen ausgelebt. Abbildung 4 skizziert eine Übersicht über das chinesische Wertesystem. Für die Chinesen repräsentiert der Mensch einen Teil der Natur. Er soll sie nicht beherrschen, sondern stattdessen im Einklang mit ihr leben. Wer die Natur versteht, wird nach Tao sehen, wie die Dinge liegen. Die zweite Komponente der Naturorientierung bildet das Yuan. Die Wurzeln dieses Glaubens liegen im indischen Karma. Demnach existiert eine vorherbestimmte Beziehung zwischen den Dingen oder Individuen, die nicht bewusst gesteuert werden kann. Das Yuan ist eine starke irdene Mach, die nach dem chinesischen Glauben mit den Kräften des Universums verbunden ist. Diese Kraft unterliegt einem Naturgesetz, das durch das menschliche Bewusstsein nicht zu erfassen ist. Demnach sind auch Ehen oder Freundschaften durch das Yuan vorherbestimmt. Durch das Konzept des Yuans beklagen sich die Chinesen nicht, sie akzeptieren Schicksal und Umstände, mit der Gewissheit, dass das Yuan auch wieder einen positiven Einfluss nehmen kann.[88]

Die zweite übergeordnete Größe bildet die Selbstorientierung des Menschen. Zu Demut erzogen, kennt bereits jedes Kind seine Rolle in der Familie und der Gesellschaft. Sittsamkeit und Zurückhaltung verkörpern dabei grundlegende Normen in der chinesischen Erziehung. Früher haben sich Schüler gegenüber ihren Lehrern als wertlos bezeichnet. Dieses demutsvolle Verhalten ist auch jetzt noch zu beobachten. Während jemand aus westlichen Kulturkreisen in bestimmten Situationen mit „Danke" antwortet, würde ein Chinese „Ich bin es nicht wert" erwidern. Auch wird

---

86 Vgl. Pohl (2002), S. 112-113.

87 Vgl. Zinzius (1996), S.31.

88 Vgl. Yau (1988), S. 45 f.

in der chinesischen Kultur vermieden, „nein" zu sagen. Der Gesprächspartner soll nicht bloßgestellt werden, daher wird Kritik lediglich indirekt ausgeübt. Das pragmatische und situationsbezogene Denken ist ebenfalls der chinesischen Erziehung geschuldet. Die Entwicklung der Kinder wird nicht allein durch die Eltern geprägt, sondern auch durch nahe Verwandte und engste Familienfreunde. Sie lernen, dass verschiedene Sichtweisen auf ein Problem bestehen und dass die äußeren Umstände eine bestimmte Vorgehensweise determinieren. Diese Flexibilität offenbart sich auch in der größeren Kompromissbereitschaft.[89]

Die Beziehungsorientierung zeigt sich zunächst im Respekt vor den Autoritäten. In vielen Situationen bevorzugen die Chinesen klare Anweisungen statt einen persönlichen Entscheidungsspielraum. In einer Studie trat zutage, dass chinesische Studenten das Gefühl haben, nichts zu lernen, wenn sie aufgefordert werden, Problemlösungen selbst zu erarbeiten oder ihre persönliche Meinung zum Ausdruck zu bringen. Dieser Respekt geht auf Konfuzius' Beschreibung der fünf Hauptbeziehungen zurück. Diese sind noch immer stark in der Gesellschaft verankert und zeigen auf, welche Regeln es im Bereich der zwischenmenschlichen Beziehungen einzuhalten gilt. In Verbindungen, innerhalb derer eine wechselseitige Abhängigkeit existiert, spielt das „jemandem einen Gefallen tun" eine entscheidende Rolle. Von den Chinesen wird dies als wesentliche soziale Investition verstanden. Da sich diese Sichtweise auch im Wirtschaftsbereich ausdrückt, werden die Guanxi im Verlauf der Untersuchung noch näher untersucht.[90]

---

89 Vgl. Yau (1988), ,S. 48-49, Zinzius (1996), S.27.

90 Vgl. Zinzius (1996), S.26; Cheng/Schweitzer (1996), S. 40; Hoon (1998), S. 64.

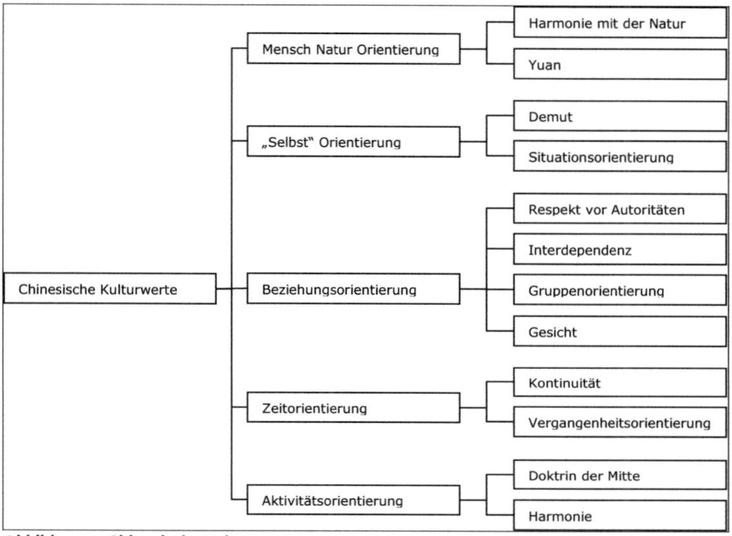

Abbildung 4: Chinesische Kulturwerte
Quelle: Vgl. Yau (1988), S. 46.

Das Gesicht zu wahren, repräsentiert einen weiteren Bestandteil des Beziehungskonstrukts. Das „lien" stellt dabei das Vertrauen der Gesellschaft dar, gemäß des moralischen Charakters zu handeln. Ohne diese Tugend kann man nach chinesischer Auffassung kein funktionierendes Mitglied der Gesellschaft sein. Das „mien-tsu" hingegen, das als persönliches Prestige definiert werden kann, ist über die Zeit veränderbar. Erfolg und die damit verbundene Zurschaustellung prägen das Bild einer Person. Der soziale Status ist in Abhängigkeit zur jeweiligen Gruppe zu betrachten. So genießt ein Manager in Bezug auf seine Mitarbeiter ein sehr hohes „mien-tsu". Befindet er sich indes in einem anderen gesellschaftlichen Kontext, etwa in einer Gruppe von Personen, die ebenfalls Führungsverantwortung innehaben, dann ist sein persönliches Prestige nicht mehr ganz so hoch.[91]

Die Gruppenorientierung bildet den Gegensatz zum individualistischen Ansatz des „Gesichtwahrens". Die Basis für zwischenmenschliche Beziehungen ist im starken Familien- und Verwandtschaftssystem verankert. Anders als in westlichen Kulturen, wo Ratschläge von Eltern und Großeltern nach Vollendung der Volljährigkeit als Einmischung empfunden werden, werden chinesische Familienmitglieder in wichtige Entscheidungen mit einbezogen. Die Interaktion zwischen den Gruppenmitgliedern be-

[91] Vgl. Zinzius (19976), 52-53; Yau (1988), S. 49; Jagersma/van Gorp (2003), S. 29.

schränkt sich indes auf eine bestimmte soziale Einheit. Fremde, die nicht zum jeweiligen Gruppensystem gehören, werden hingegen abweisend behandelt.[92]

Die Jahrtausende alte Kultur der Chinesen bildet den zentralen Punkt der Zeitorientierung. So gehören die Ahnenverehrung und die Wahrung der Familientraditionen zum Alltag der Bevölkerung. Die konservative Einstellung offenbart sich darin, dass es als unehrenhaft gilt, keinen Erben zu haben. Dadurch kann die chinesische Kultur nicht an die nächste Generation weitergegeben werden. Zudem sollen die Nachfahren das Gedenken an die Ahnen und Eltern weiterleben lassen und deren unerfüllte Hoffnungen und Wünsche verwirklichen. Vor allem in den ländlichen Gebieten zeigt sich die konservative Einstellung vieler Chinesen, da oftmals nur Jungen als Erben anerkannt werden. Kontinuität drückt sich darin aus, dass einmal aufgebaute Beziehungen beständig sind und nur in den seltensten Fällen aufgelöst werden.[93]

Den letzten Faktor im Wertesystem bildet die Aktivitätsorientierung, bestehend aus der Doktrin der Mitte und Harmonie. Das Individuum versteht sich als Teil des Ganzen und stellt seine eigene Freiheit zurück, um Harmonie und Stabilität zu fördern und zu wahren. Während im westlichen Kulturkreis der Streit ein wesentliches Merkmal der konstruktiven Lösungsfindung darstellt, werden Konflikte in China nicht öffentlich ausgetragen, stattdessen wird im eigentlichen Sinne eine Konsenskultur gepflegt. Nach konfuzianischem Denken soll Leidenschaft nicht unterdrückt werden. Doch eine moralische Selbstkontrolle hilft zum Erhalt des Einklangs. Wahre Gefühle werden daher nur gegenüber engsten Familienmitgliedern oder Freunden geäußert.[94]

3.5 Historische Beziehungen zwischen Nordamerika und China

Für zahlreiche Chinesen existieren bis zum Ende der ersten Hälfte des 19. Jahrhunderts kaum Anreize, ihr Heimatland zu verlassen. Das Einsetzen einer chinesischen Einwanderungswelle nach Amerika ist auf zwei Ereignisse zurückzuführen. Der verlorene erste Opiumkrieg 1942 und die damit verbundene Beseitigung des Wirtschaftsprotektionismus führten zu einem Zusammenbruch der chinesischen Wirtschaft. Der einsetzende Goldrausch in Kalifornien bot vielen Chinesen die Möglichkeit, der einsetzenden Massenarmut zu entfliehen. Der Versuch, das Land ohne Genehmi-

92 Vgl. Hoon (1998), S. 64; Yau (1988), S. 50.

93 Vgl. Cheng/Schweitzer (1996), S. 39; Yau (1988), S. 53.

94 Vgl. Yau (1988), S. 55; Pohl (2002), S. 115-116, Zinzius (1996), S.50.

gung zu verlassen, war illegal und wurde mit der Todesstrafe geahndet. Erst durch den Zusammenbruch der Qing-Dynastie wurde das Immigrationsverbot nicht mehr so stark befolgt. Die meisten Chinesen reisten über Hongkong aus.[95]

Zu den allerersten Auswanderern zählten wohlhabende und gebildete Kaufleute, Handwerker sowie Hotel- und Restaurantbesitzer. Diese reisten oftmals mit der gesamten Familie ein. Danach folgten einfache Arbeiter, die vorwiegend zu sehr niedrigen Löhnen arbeiteten. Sie verdingten sich als Köche, Minenarbeiter, Wäschereibetreiber oder arbeiteten später als Bauarbeiter an den zahlreichen Eisenbahnstrecken. In den 60er-Jahren des 19. Jahrhunderts haben rund 10.000 Chinesen beim Bau der Eisenbahnlinien mitgewirkt. Ihre Familien blieben größtenteils in China zurück, denn traditionell versorgten die Frauen Eltern- und Schwiegereltern. Für die meisten erwies sich die Ankunft in Amerika als Schock. Sie verstanden die Sprache nicht und waren in keiner Weise mit der Kultur und Lebensweise vertraut.[96]

Mehr als die Hälfte der eingewanderten Chinesen, ca. 25.000, siedelten in Kalifornien.[97] Die Übergriffe auf die chinesische Bevölkerung nahmen nach und nach zu. Vor allem weiße Siedler aus dem Süden, die als Goldgräber nach Kalifornien kamen, diskriminierten die asiatische Minderheit. Chinesische und afroamerikanische Minenbesitzer wurden mit Gewalt vertrieben und besaßen keinerlei rechtliche Handhabe.

Durch die einsetzende Rezession wurde es für europäische Immigranten immer schwieriger, gut bezahlte Arbeit zu finden. Daher wurden auch Arbeiten attraktiv, die traditionell durch die Chinesen verrichtet wurden. Das Konfliktpotenzial stieg an und die Übergriffe auf die asiatische Bevölkerung nahmen zu.

Mithilfe die Gesetzgebung wurden die Chinesen sukzessive aus einzelnen Industrien ausgeschlossen. Durch den Naturalization Act von 1879 wurde zudem asiatischen Einwanderern die Einbürgerung untersagt. Der Chinese Exclusion Act beschränkte die Immigration zusätzlich. Demnach war es amerikanischen Schiffen untersagt, chinesische Auswanderer nach Amerika zu transportieren. Die Regierung wollte dadurch den Zustrom an billiger Arbeit verhindern.[98]

---

95 Vgl. Internetquelle 10; Internetquelle 13.

96 Vgl. Internetquelle 11; Internetquelle 12.

97 Vgl. Internetquelle 10.

98 Vgl. Internetquelle 12; Internetquelle 13.

Da viele Chinesen ohne Familie einreisten, war das Verhältnis zwischen Männern und Frauen äußerst unausgewogen. 1860 kamen auf eine Frau 19 Männer. 1890 verschärfte sich das Verhältnis auf eine Quote von 1:27. Trotz der gesetzlichen Restriktionen stieg der Anteil der Chinesen aufgrund illegaler Zuwanderung auf 100.000 im Jahr 1890. Da es chinesischen Männern per Gesetz untersagt war, europäische Frauen zu ehelichen, kehrten viele nach China zurück, um dort eine Familien zu gründen. Aus diesem Grund nahm die Zahl der chinesischen Gemeinde ab 1890 kontinuierlich ab und erreichte 1920 einen Tiefststand von 62.000.[99]

Die verbliebenen Männer bildeten eine Art Junggesellengemeinschaft. Abgeschottet von anderen Immigranten lebten sie in Gruppen zusammen. In den größeren Städten bildeten sich Chinatowns, die es den Einwanderern ermöglichten, ihre Kultur zu pflegen und ihren Traditionen treu zu bleiben. Daher blieb die Zahl der Einwanderer, die zum Christentum konvertierten, äußerst gering. Durch den geringen Kontakt sprachen auch nur wenige Chinesen die englische Sprache. Bis auf den Wirtschaftsbereich gab es daher kaum Kontakte zwischen den Bevölkerungsgruppen.

Generell wollten die wenigsten Chinesen in Amerika bleiben. Die Immigration auf Zeit ermöglichte es ihnen, ihre Familien monetär zu unterstützen, da in den Vereinigten Staaten trotz niedriger Löhne der Verdienst wesentlich größer war als in China. Das Verhältnis zwischen Chinesen verbesserte sich in den Jahrzehnten. Nachdem China und die Vereinigten Staaten im Zweiten Weltkrieg als Verbündetet zusammenkämpften, wurde der Exclusion Act abgeschafft. Chinesen, die bereits seit Langem in den Staaten lebten, durften nun die amerikanische Staatsbürgerschaft beantragen. Die weitre Immigration von Chinesen in die USA wurde jedoch durch den Immigration Act verhindert, welcher anhand einer Quotenregelung die Zahl der Einwanderungen kontrollierte. Vor allem Frauen, die damals von ihren Männern zurückgelassen wurden, nutzten die Möglichkeit der Immigration.[100]

Nach dem Tiananmen-Massaker 1989 flohen zahlreiche Studenten in die USA. Die Regierung billigte ihnen die Möglichkeit zu, eine permanente Aufenthaltsgenehmigung zu erhalten. Auch heute noch existiert ein reger Zustrom chinesischer Immigranten. Zum einen handelt es sich um einfache Arbeiter, die in einigen Fällen über illegale Kanäle ins Land kommen. Größtenteils reisen die Einwanderer aber auf legalem Weg ein. Häufig

---

[99] Vgl. Internetquelle 11.

[100] Vgl. Internetquelle 12; Internetquelle 13.

befinden sich Akademiker und Fachkräfte darunter, die für amerikanische Unternehmen arbeiten. Von den rund 3,3 Millionen Chinesen wurden rund zwei Drittel in Asien geboren und leben als Immigranten der ersten Generation in den Vereinigten Staaten.[101]

[101] Vgl. Internetquelle 11.

4 Strategisches Marketing in der Volksrepublik China

4.1 Eine grundlegende Entscheidung: Standardisierung oder Adaptation?

Die vielleicht grundsätzlichste Frage im internationalen Marketing lautet, ob ein Unternehmen mit einer Standardisierungs- oder Anpassungsstrategie in neue Märkte eintritt. In den vergangenen Jahren hat es im Rahmen der Globalisierung zahlreiche Beiträge zu diesem Thema gegeben. An dieser Stelle soll versucht werden, Faktoren zu benennen, welche die Strategiewahl wesentlich beeinflussen.

Gleichwohl bleibt zunächst zu klären, was unter dem Begriff „Standardisierung und Anpassung" im Marketingkontext zu verstehen ist. Laut Definition von Buzell bedeutet Standardisierung, identische Produktlinien zu identischen Preisen anzubieten und diese Produkte durch ein identisches Distributionssystem zu vertreiben. Im Gegensatz dazu handelt es sich bei einer Adaptationsstrategie um eine lokale Strategie, die keinerlei Gemeinsamkeiten zu den Marketingstrategien des gleichen Unternehmens auf anderen Ländermärkten aufweist.[102]

4.1.1 Das Standardisierungsmodell nach Levitt

Zahlreiche Unternehmen haben bereits den Versuch unternommen, ausländische Märkte zu erobern, und sind dabei kläglich gescheitert. Levitt hat daher zu Beginn der 80er-Jahre eine Theorie entwickelt, die den Erfolgsfaktor für einen globalen Markenauftritt bestimmt. Den Grundstein bilden die Bedürfnisse der Konsumenten. Die globale Kommunikation beeinflusst das Leben von Menschen überall auf der Welt. Fernsehen und Radio, aber auch Reisende transportieren Bilder von anderen Ländern und Menschen, die bei den Konsumenten weltweit ein universelles Verlangen nach Produkten wecken. Daraus resultiert, dass sich homogene Gesellschaftsgruppen herausbilden, die sich über die Ländergrenzen hinweg ähneln. Unabhängig von kulturellen Einflüssen und technologischen Voraussetzungen haben sie das Bedürfnis, ihren Konsumwunsch mit spezifischen Produkten zu stillen. Die bei vielen Unternehmen gängige Praxis, auf weniger entwickelten Märkten ältere Produktvarianten zur Verfügung zu stellen, erweist sich nach Levitt als nicht zielführend.[103]

---

[102] Vgl. Levitt (1983), S. 92.
[103] Vgl. ebd.

Die logische Konsequenz für globale Unternehmen liegt darin, ihre Waren standardisiert zu vermarkten. Lokale Präferenzen müssen nicht berücksichtigt werden, da nach Levitt jeder Konsument den Wunsch besitzt, das beste und qualitativ hochwertigste Produkt zu einem niedrigen Preis zu erhalten. Nach Levitt kann jedes Unternehmen dazu fähig sein, diesem Anspruch zu genügen, indem durch eine Standardisierung der Produktvarianten unabhängig von den Ländermärkten deutlich höhere Stückmengen produziert werden können. Das führt zum Anstieg der Skalenerträge und zur Kostenreduktion. Wird eine einheitliche Strategie auch auf andere Unternehmensbereiche, wie Distribution, Verwaltung und Management, angewandt, fällt der positive Kosteneffekt noch höher aus. Gibt ein Unternehmen diese Kostenvorteile an seine Käufer weiter, hat es mit deutlich höheren Zuwachsraten zu rechnen.[104]

Anhand der Theorie werden Unternehmen in zwei Gruppen eingeteilt. Demnach existieren internationale sowie globale Unternehmen (Multinational Cooperation und Global Cooperation). Ein internationales Unternehmen agiert auf mehreren Ländermärkten und passt seine Produkte entsprechend den Verbraucherbedürfnissen sowie kulturellen Begebenheiten an. Diese Adaptation ist kostenintensiv und führt meist zu einem Anstieg der Preise. Im Gegensatz dazu kennen globale Unternehmen lediglich einen Markt – nämlich die gesamte Welt. Ist man nur auf einem Absatzmarkt tätig, müssen Produkte auch nicht angepasst werden. Im Vordergrund steht eine genaue Marktsegmentierung, die globale Konsumentengruppen definiert. Anhand dieses Clusters ergeben sich globale Äquivalente, die sich durch die gleichen Erwartungen und Ansprüche auszeichnen. Eine Anpassung der Marketingstrategie ist daher nicht mehr vonnöten. Da sie mithilfe eines hohen Produktionsvolumens kosteneffektiv herstellen, scheuen globale Unternehmen auch keinen Preiskampf, selbst wenn sie sich im High-End-Bereich positionieren. Die Zukunft des Marketings liegt nach Levitt in der Standardisierung; daher wird es langfristig nur noch globale Unternehmen geben.[105]

Levitts Überlegungen stammen aus den Anfängen der 80er-Jahre. Fast 25 Jahre später lässt sich überprüfen, ob sich sein Ansatz durchsetzen konnte. Sicherlich birgt ein standardisiertes Vorgehen – abgesehen vom Kostenfaktor – enorme Vorteile für eine Unternehmung. Dennoch konnte sich die Theorie nicht vollständig durchsetzen, existieren doch weiterhin zahlreiche internationale Unternehmen, aber lediglich wenige globale. Im

[104] Vgl. ebd., S. 94.
[105] Vgl. ebd., S. 93.

Laufe der Zeit hat die von Levitt vernachlässigte Kulturkomponente eine immer wichtigere Rolle eingenommen. Die Segmentierung nach Verbrauchergruppen ist sicherlich gängige Praxis. Doch auch wenn sich diese auf den einzelnen Zielmärkten sehr ähnlich sind, lassen andere Faktoren eine reine Standardisierung oftmals nicht zu. Vor allem bei Ländern, die sich sehr stark voneinander unterscheiden, müssen Marketingstrategien und Produkte häufiger angepasst werden, um das Interesse der Konsumenten zu wecken.

Aus diesem Grund scheint die Untersuchung weiterer Theorien sinnvoll, welche zusätzliche Faktoren bei der Ausarbeitung eine Marketingstrategie berücksichtigen.

4.1.2 Das Adaptationsmodell nach Buzell

Unterschiede im Einkommensniveau, im Geschmack und anderen Faktoren bewirken, dass Unternehmen ihre Produkte hinsichtlich der Verpackung, der Werbung sowie weiterer Marketingelemente anpassen müssen. Auf diese Weise soll der Umsatz des Produktes erhöht werden. Ein wichtiger Fakt, der dabei von vielen Unternehmen übersehen wird, ist die Tatsache, dass sich die Maximierung des Absatzes nicht stets als das einzige Marketingziel erweist. Stattdessen spielen neben dem Umsatz ebenfalls die durch das Marketing verursachten Kosten eine erhebliche Rolle. Standardisierung führt demnach zu einer wesentlichen Kostenersparnis. Vor allem im Bereich des Produktdesigns herrscht sehr hohes Einsparpotenzial. Durch eine einheitliche Produktionslinie, die aber auch funktionale Anpassungen erlaubt, lassen sich die Stückzahlen erhöhen und die Grenzkosten senken.

Aber auch im Bereich der Werbung und im Verpackungsdesign vermag Standardisierung Kosten zu reduzieren. Auf der anderen Seite begrenzen oftmals kulturelle Faktoren und Sprachbarrieren die Internationalisierung (dazu mehr unter Punkt 4.2.4). Pepsi z. B. ist bemüht, einheitliche weltweit wirksame Werbekonzepte zu entwickeln und auch einheitliche Werbespots zu zeigen. Dabei greift das Unternehmen vorwiegend auf Prominente als Werbeträger zurück, um ein internationales Image zu erlangen. Doch aufgrund der kulturellen Besonderheiten ist es notwendig, bestimmte Märkte mit gesonderten Spots zu versorgen. Dabei entstehen bei Pepsi Kosten in Höhe von 8 Mio. Dollar pro Jahr pro Markt.[106]

---

106 Vgl. Buzell (1968), S. 105.

Standardisierung führt neben der Kostenreduktion auch zu einem konsistenten Umgang mit potenziellen Kunden. Vor allem das Image der Marke und des Unternehmens, welches durch einen bestimmten Produktstil, den Markennamen, aber auch das Verpackungsdesign transportiert wird, ist in allen Ländermärkten identisch. Dieser Punkt ist für den Markt China im Moment sicherlich noch von untergeordneter Bedeutung. Aber vor allem in Europa, wo ein großer Austausch zwischen den Ländermärkten (Arbeitswanderung, Tourismus) herrscht, kann eine lokale Strategie eine Verwirrung der Konsumenten bewirken. Ein unterschiedliches Image, durch das andere Werte transportiert werden, fördert die Inkonsistenz.[107]

Ein weiterer Vorteil der Standardisierung liegt in der globalen Nutzung guter Marketingideen. Interessante und neue Konzepte sind häufig nicht einfach zu finden. Daher bietet es sich an, gute Ideen auch auf andere Märkte zu übertragen. Doch auch hier wird der Erfolg durch landesspezifische Faktoren beeinflusst. Die Herausbildung eines internationalen Konsumenten spricht ebenfalls für die Standardisierung von Marketingstrategien. Weltweite soziale und wirtschaftliche Trends wie auch die Veränderungen im Bereich der Telekommunikation und im Tourismus führen zur Herausbildung neuer kulturell unabhängiger Zielgruppen. Diese Entwicklung ist vor allem in zum westlichen Kulturkreis zählenden Ländern zu beobachten.

Gleichwohl hat die Vergangenheit gezeigt, dass standardisierte Strategien durch bestimmte Faktoren limitiert sind, deren Ausprägungen nicht nur länderspezifisch sind, sondern auch in Abhängigkeit von der jeweiligen Industrie und der Branche betrachtet werden müssen.[108] In Abbildung 5 werden in den Zeilen zunächst die Faktorklassen benannt, die ein standardisiertes Marketing einschränken. Die Spalten geben die Instrumente des Marketing-Mix wieder. Demzufolge stellt jede Zelle ein Charakteristika dar, das in Abhängigkeit zum spezifischen Marketinginstrument die Standardisierung negativ beeinflusst.

---

107 Vgl. ebd., S. 107.

108 Vgl. Buzell (1968), S. 107 f.

	Produktdesign	Preis	Distribution	Absatzorganisation	Werbung & Promotion Markengestaltung und Verpackung
Markteigenschaften					
physikalische Umwelt	• Klima • Gebrauchsanweisung		• Mobilität der Kunden	• Verteilung der Kunden	• Zugang zu Medien • Klima
Grad an wirtschaftlicher und industrieller Entwicklung	• Einkommensniveau • Kosten für den Faktor Arbeit	• Einkommensniveau	• Kaufmuster	• Lohnhöhe • Verfügbarkeit von Arbeitskräften	• Komfort wichtiger als Sparsamkeit • Kaufmenge
kulturelle Faktoren	• Bräuche und Traditionen • Einstellung zu fremden Produkten	• Einstellung zum Verhandeln	• Kaufmuster	• Einstellung zum Verkaufen	• Sprache, Bildung, Symbolismus
industrielle Bedingungen					
Phase im Produktlebenszyklus	• Maß an Differenzierung	Elastizität der Nachfrage	• Vefügbarkeit von Outlet-Centern • Verlangen nach Marken	• Verkaufsbestreben	• Erfahrung mit den Produkten
Wettbewerb	• Qualitätsmaßstab	• lokale Kosten • Preis für Substitutionsprodukte	• Kontrolle des Wettbewerbers über Outlets	• Marktkraft des Wettbewerbers	• konkurrierende Ausgaben, Botschaften
Marketingeinrichtungen					
Vertriebssystem	• Vefügbarkeit von Outlet-Centern	• Margen	• Anzahl und Vielfalt von Outlets	• Anzahl von Outlets	• Grad an „Selbstbedienung"
Werbemedien und Agenturen			• Absatzförderung	• Effektivität von Werbung	• Medienverfügbarkeit, Kosten, Überschneidung
gesetzliche Restriktionen					
	• Produktstandards • Patentrecht • Tarife & Steuern	• Tarife & Steuern • Katellrecht • Wiederverkaufspreis, Wartung	• Restriktionen für Produktlinien • Wiederverkaufspreis, Wartung	• generelle Beschäftigungsrestriktionen • spezifische Verkaufshemmnisse	• spezif. Einschränkungen hinsichtlich Werbung • Handelsgesetz

Quelle: In Anlehnung an Buzell (1968), S.108-109.

Abbildung 5: Adaptationsmodell nach Buzell

Die erste Faktorklasse bilden die Markteigenschaft bzw. Marktbesonderheiten. Dazu zählen zunächst einmal sämtliche physikalische Faktoren. So kann z. B. das Klima einen wesentlichen Einfluss auf den Gebrauch eines Produktes ausüben oder aber auf die zum Schutz des Inhalts notwendige Verpackung. Der Grad der wirtschaftlichen Entwicklung zählt ebenfalls zu den Marktgegebenheiten. Die ökonomischen und industriellen Unterschiede im Zielland besitzen einen nicht unerheblichen Einfluss auf die Wahl der Strategie. So können Produkte, die aufgrund des hohen Einkommensniveaus in Deutschland oder den USA als günstig gelten, in China als Luxusgut betrachtet werden. Dieser länderspezifische Faktor ist jedoch nicht nur in der Betrachtung von Industrieland und Transitional Economy von Bedeutung; gleichermaßen existieren zwischen den einzelnen industriell entwickelten Ländern starke ökonomische Gegensätze. Auch die Shoppingmuster sowie der Umfang der Käufe weichen in den Ländern oftmals voneinander ab. Während sich in den stark entwickelten Ländern vorwiegend große Shoppingcenter etablieren, erfolgt die Distribution in noch nicht so stark entwickelten Ländern über kleinere, häufig vom Inhaber geführte Geschäfte.

Die kulturellen Faktoren können in stark vom Mutterland unterschiedlichen Märkten den ausschlaggebenden Faktor für den Erfolg einer Marketingstrategie bilden. Die Bedeutung von Traditionen und religiösem Hintergrund wurde in der Vergangenheit oftmals unterschätz. Eine Übersicht über die kulturellen Werte in China ist Punkt 3.4 zu entnehmen.[109]

Die nächste Faktorklasse repräsentieren die industriellen Bedingungen. Dazu zählen vor allem der Produktlebenszyklus sowie der Wettbewerb. Dabei gewährt das Modell des Produktlebenszyklus die Möglichkeit, die Industrie- und Wettbewerbsbedingungen auf unterschiedlichen nationalen Märkten miteinander zu vergleichen. Der Grundgedanke besteht darin, dass ein Produkt in seiner Lebensgeschichte bestimmte Phasen passiert. Die Verweildauer in einer Phase ist dabei marktabhängig. Daraus ergibt sich eine Konsequenz für die Standardisierung, denn eine bereits erfolgreich genutzte Marketingstrategie kann auf die Followermärkte übertragen werden, wenn sich das Produkt in einer vorangegangenen Phase des Produktlebenszyklus befindet.[110]

Der Wettbewerb limitiert die Standardisierung dahin gehend, dass der Konkurrenzkampf in Bezug auf Kosten, Produkt und Promotion nach ei-

---

[109] Vgl. Yau (1988), S. 45.

[110] Vgl. Buzell (1968), S. 111 f.

ner angepassten Strategie verlangt, um sich von den Wettbewerbern abzuheben.

Die Marketingeinrichtungen umfassen sowohl das zur Verfügung stehende Vertriebssystem, bestehend aus Groß- und Einzelhandel, als auch die vorhandenen Medien- und Werbeagenturen. So bestehen in China deutliche Unterschiede zum amerikanischen Markt. Vor allem die Schwierigkeiten im Bereich der Marktforschung zwingen zahlreiche Unternehmen zur Anpassung ihrer Strategie.

Die gesetzlichen Faktoren können dem Unternehmen je nach Herkunftsland mehr oder aber weniger Freiheiten im Bereich des Marketings einräumen. Erfahrungsgemäß ist der staatliche Eingriff in das Marktsystem in Transitional Economies größer als in entwickelten Ländern. Demzufolge können vor allem protektionistische Maßnahmen, die sich in einer zusätzlichen Besteuerung oder Gebührenerhebung ausdrücken, für ausländische Marktteilnehmer einen nicht unerheblichen Kostennachteil mit sich bringen. Ein standardisiertes Marketing stößt hier an seine Grenzen.[111]

4.1.3 Standardisierung nach dem Home-host/Intermarket-Modell von Chung

Chung geht bei der Marktbetrachtung davon aus, dass die weltweiten Märkte eine homogene Struktur aufweisen und dass Marketing standardisiert werden kann. Dennoch existieren ähnlich wie bei Buzell Crossmarket-Abweichungen, welche die unterschiedlichen Anforderungen und Wünsche der Konsumenten sowie die gegebenen Umweltbedingungen widerspiegeln.

Das Ziel der Studie besteht darin, Faktoren zu benennen, die eine Standardisierung der Marketingstrategie positiv oder negativ beeinflussen. Dabei wird eine Einteilung in zwei unterschiedliche Szenarien vorgenommen. Beim „Home-host"-Szenario stellt sich die Frage, bis zu welchem Grad eine standardisierte Marketingstrategie vom Heimatland auf das Zielland übertragen werden kann. Im Gegensatz dazu liegt bei der „Intermarket"-Betrachtung der Fokus auf der Übertragbarkeit standardisierter Programmkomponenten und Prozesse von einem fremden Gesamt- oder Regionalmarkt auf einen weiteren.[112]

---

[111] Vgl. Buzell (1968), S. 113.

[112] Vgl. Chung (2003), S. 49.

Untersucht wurden 146 australische sowie neuseeländische Unternehmen, die sowohl im „Home-host"- als auch im „Intermarket"-Szenario im Fremdmarkt China operieren. In Bezug auf das „Intermarket"-Szenario wurden die Strategien der Unternehmen für die Märkte China, Hongkong und Taiwan analysiert.

Nachstehende Abbildung 6 fasst die Untersuchungsergebnisse zusammen und gibt Aufschluss darüber, inwiefern die einzelnen Faktoren in den jeweiligen Szenarien einen Einfluss auf die Standardisierung der Marketinginstrumente ausüben. Die umweltpolitischen Faktoren berücksichtigen neben den gesetzlichen Rahmenbedingungen auch den wirtschaftlichen Entwicklungsstand, das Wettbewerbsumfeld, die Marketinginfrastruktur sowie kulturelle Faktoren. Des Weiteren haben das Konsumentenverhalten, die unternehmensabhängigen Faktoren sowie der Produktfaktor ein Gewicht bei der Strategieauswahl. Diese Faktoren stimmen im Wesentlichen mit denen von Buzell überein. Doch anders als bei seinem Modell findet ebenfalls die Wirkung der Komponenten im Modell von Chung Berücksichtigung. Generell ist nach der Untersuchung davon auszugehen, dass eine Standardisierung zu befürworten ist, je ähnlicher sich Home und Host bzw. Home- und Host-Markt im Intermarket-Szenario sind.

	„Home-host"-Szenario	„Intermarket"-Szenario
umweltabhängige Faktoren		
politische Umwelt gesetzliche Regelungen wirtschaftliche Entwicklung kulturelles Umfeld Wettbewerbsumfeld Marketinginfrastruktur	je größer die Ähnlichkeit zwischen Home- und Host-Markt, desto größer der mögliche Grad an Standardisierung	je größer die Ähnlichkeit zwischen Host-Märkten, desto größer der mögliche Grad an Standardisierung
Konsumentenverhalten		
	je mehr sich das Konsumentenverhalten zwischen Home- und Host-Land gleicht, desto größer der mögliche Grad an Standardisierung	je mehr sich das Konsumentenverhalten zwischen den Host-Ländern gleicht, desto größer der mögliche Grad an Standardisierung
Unternehmensabhängige Faktoren		
	je größer das Unternehmen, desto größer der mögliche Grad an Standardisierung	
Produktfaktor		
	Standardisierung hängt von der Produktkategorie ab Industriegüter => langlebige Konsumgüter => kurzlebige Konsumgüter => Service/Dienstleistungen	

Abbildung 6: Das Home-host/Intermarket-Modell
Quelle: In Anlehnung an Chung (2003), S.53-58.

Unabhängig von der Szenariowahl bewirkt die Firmengröße einen Input auf die Strategiewahl. Große Unternehmen entscheiden sich eher für die Standardisierung als kleinere. Dies könnte unter anderem dadurch erklärt werden, dass kleine Firmen oftmals als Nischenanbieter agieren und eine Anpassung durch erzielte Spezifizierung der Produkte den Wettbewerbsdruck verringert. Unter Berücksichtigung des Produktfaktors

kann davon ausgegangen werden, dass eine Reihenfolge in der Adaptation in Bezug auf die Produktkategorie vorhanden ist. Die geringste Anpassung wird bei Industriegütern vorgenommen, gefolgt von langlebigen Konsumgütern und kurzlebigen Konsumgütern. Einen geringen Grad an Standardisierung besitzen im Allgemeinen Service- und Dienstleistungen. Der Einfluss der Produktkategorie auf das taktisch-operative Marketing wird in Gliederungspunkt 5 erklärt.

Grundsätzlich ist davon auszugehen, dass Unternehmen, die zum ersten Mal über ihren Zielmarkt hinaus expandieren, sich zunächst stets im Home-host-Szenario bewegen. Die Ähnlichkeit zwischen Heimat- und Zielmarkt determiniert dabei den Grad an Standardisierung in Bezug auf die

Marketingstrategie. Da die in Abbildung 6 genannten Einflussgrößen zwischen dem nordamerikanischen und chinesischen Markt stark variieren, wird ein Unternehmen für den Markteintritt zunächst eine Adaptationsstrategie wählen. Je nach Produktkategorie weicht diese mehr oder weniger von der Vorgehensweise im Heimatland ab. Entschließt sich das Unternehmen im Rahmen der Intermarket–Strategie dazu, auch auf anderen Auslandsmärkten aktiv zu werden, kann die einmal angepasste Unternehmensstrategie unter der Voraussetzung der Ähnlichkeit der weiteren Zielmärkte erneut zur Anwendung kommen. Die Unternehmen, die bereits vor der breiten Marktöffnung des Festlandes in Hongkong aktiv waren, mussten die Marktbearbeitung lediglich geringfügig abändern, um den Markt China, Taiwan oder Macao zu erschließen. Durch die enorme Größe des Landes erweist es sich als schwierig, China als einziges Absatzgebiet zu betrachten. Eine weitere Unterteilung nach Provinzen oder Urbanisierungsgebieten ermöglicht es, die Intermarket-Theorie auch auf regionale Gebiete des Festlandes zu übertragen.

4.1.4 Die Besonderheit des symbolischen Produktwertes

Eine gesonderte Stellung bei der Adaptation bzw. Standardisierungsentscheidung nimmt die Wirkung des symbolischen Produktwertes ein. In jüngster Zeit lässt sich eine neue Entwicklung auf dem chinesischen Konsumentenmarkt beobachten. Vormals präferierte ausländische Produkte verlieren zugunsten inländischer Güter an Marktanteil. Neben externen Faktoren wie dem staatlichem Protektionismus und der verbesserten Produktqualität inländischer Hersteller lässt sich dieses Phänomen durch eine Studie von Zhou und Hui auf den schwindenden symbolischen Produktwert ausländischer Konsumgüter zurückführen.[113]

Die wirtschaftliche Öffnung bewegte zahlreiche Markenartikelhersteller zu einem Eintritt in den chinesischen Markt. Dabei gingen sie nicht nur mit vollständig unbekannten Produkten wie Kaugummi, Joghurt oder Kaffee auf den Markt, sondern ebenfalls mit traditionellen chinesischen Produkten. Vor allem in der Anfangsphase der wirtschaftlichen Öffnung für ausländische Konsumgüterhersteller reflektierten diese Produkte für viele chinesische Konsumenten den Aufbruch in eine neue Ära. Sie assoziierten Werte wie Kultiviertheit, Modernität und Neuheit mit den ausländischen Waren. Der Konsum fremder Produkte galt als Inbegriff eines materialistischen Lebensstils. Verbraucher, die es sich leisten können, kaufen Luxussymbole, um ihren Status zu bestätigen und nach außen zu zeigen.

---

[113] Vgl. Zhou/Hui (2003), S. 36.

Dieses Phänomen ist nicht nur in China zu beobachten, sondern in vielen Transitional Economies, die starke Einkommensdisparitäten aufweisen. Der immer größer werdende Einfluss westlicher Medien, der Massentourismus oder die weltumfassende Popkultur steigern das Verlangen nach Produkten aus dem Westen. Daher haben zahlreiche Konsumgüterhersteller den Versuch unternommen, ihre Marken vor allem im Premiumsegment zu etablieren. Doch auch Produkte, die allein ein westliches Image transportieren, werden von den Verbrauchern konsumiert. Beispielhaft sind hier Fast-Food-Unternehmen zu nennen. So dominiert McDonalds die lokalen Marken nicht aufgrund des günstigen Preises oder aber der Qualität. Vielmehr hat es die Kette geschafft, sich auch in China als Teil des westlichen Lebensstils zu etablieren. Der Verzehr eines Burgers bei McDonalds in China bedeutet für die Konsumenten also weit mehr als das Stillen eines Grundbedürfnisses, es verschafft ihm gleichzeitig die Stellung als Teil einer globalen Gemeinschaft.[114]

Während in den Studien von Buzell und Chang deutlich wird, dass die zahlreichen Differenzen eine Anpassung der Marketingstrategie bedingen, weisen Zhou und Hui darauf hin, dass dadurch der symbolische Produktwert verloren geht. Für die Konsumenten verliert die Marke durch Einbeziehung kultureller Aspekte den besonderen Charakter. Die Grenze zwischen einheimischen und ausländischen Produkten verschwimmt und der symbolische Wert der Produkte schwindet.

Für die ausländischen Konsumartikelhersteller, die im Bereich der Luxusartikel und Premiumprodukte aktiv sind, wird es in nächster Zeit immer wichtiger werden, keine Marktanteile zugunsten einheimischer Anbieter zu verlieren. Trotz notwendiger Adaptation muss es das Ziel sein, den symbolischen Produktwert zu erhalten und darüber das Konsumverhalten zu steuern. Für jedes Unternehmen ist demnach klar abzuwägen, welche Vorteile und Nachteile in der Adaptation bzw. der damit verbundenen Aufgabe des Symbolcharakters liegen. Auch wird das sich ändernde Konsumentenverhalten der chinesischen Konsumenten dazu beitragen, das Image der Marken weiterzuentwickeln. Allein als westlich zu gelten, wird für den Verkauf der Produkte nicht mehr ausreichend sein. Im Rahmen einer globalen Konsumgemeinschaft ist es erforderlich, ein Image zu kreieren, das unter Berücksichtigung weiterer Attribute Symbolcharakter besitzt.

---

114 Vgl. Yeoman/McMahon-Beattie (2006), S. 321 f.; Zhang (1995), S. 51.

4.2 Weitere strategische Erfolgsfaktoren ausländischer Unternehmen in China

Neben den Kriterien, die vor allem bei der strategischen Ausrichtung der Unternehmung eine Rolle spielen, existieren weitere Größen, die den Erfolg auf dem chinesischen Markt determinieren. Gao, Pan und Tse stellen sich die Frage, wie der markenspezifische Vorteil von Unternehmen in einer Transitional Economy wie China genutzt werden kann, um einen großen Marktanteil zu generieren.

Zu diesem Zweck wurde die Marktperformence von 480 Marken aus 52 Produktkategorien untersucht. Als Schlüsselfaktoren für den Markterfolg wurden die spezifischen Wettbewerbsvorteile der Marken, die externen Markteinflüsse sowie der Zeitpunkt des Markteintritts determiniert.

Die Untersuchung geht davon aus, dass jedes Unternehmen eine wertvolle Ressource besitzt, die von den Wettbewerbern schwer zu imitieren bzw. diesen nicht zugänglich ist. Dabei können alle Vermögenswerte, Fähigkeiten der Mitarbeiter und im Unternehmen gesammelte Informationen als Ressource definiert werden. Ein Wettbewerbsvorteil wird erzeugt, indem die zur Verfügung stehenden Ressourcen genutzt werden, um ein Produkt oder eine Leistung herzustellen, die sich durch das rein subjektive Empfinden des Konsumenten in Bezug auf Qualität, Preis oder Service von denen der Konkurrenz abhebt.[115] Die Fähigkeit, in Übergangswirtschaften erfolgreich zu sein, ist dabei nicht nur auf die Kenntnisse in den Bereichen Innovation, Preisbildung, Qualität oder Werbung zurückzuführen, sondern gleichermaßen auf die Ableitung adäquater Strategien. Zum anderen haben vor allem die Unternehmen in China Erfolg, denen es gelingt, lokale Vorteile zu nutzen. Dieser Fakt ist vor allem dem Umstand geschuldet, dass Konsumenten in Transitional Economies vor allem zu Beginn der Übergangsphase weniger Wert auf die Produktqualität oder auf eine innovative Technologie legen.

Ähnlich den Ausführungen von Buzell und Chung existieren umweltbedingte Einflüsse, die vor allem in kulturell differenzierten Ländern einen Input auf den Geschäftserfolg besitzen. Dazu zählen zum einen die protektionistische Politik der lokalen wie überregionalen Autoritäten wie auch die Stärke der Marktfragmentierung. In massiv unterteilten Produktmärkten wie China fällt es ausländischen Unternehmen schwerer, Marktanteile zu generieren, da die einheimische Konkurrenz für gewöhnlich bessere Marktkenntnisse und Geschäftsverbindungen besitzt. Erst im

[115] Vgl. Gao et al (2006), S. 46 f.

Laufe der Zeit kann sich das Ungleichgewicht zugunsten der ausländischen Wettbewerber verschieben. Dies ist allerdings nur der Fall, wenn es dem Management gelingt, die kulturellen Barrieren ab- und langfristige Geschäftsbeziehungen aufzubauen.[116]

Zudem wurde herausgefunden, dass auch der Zeitpunkt des Markteintritts eine wesentliche Variable für den Erfolg der Unternehmung darstellt. Dem Risiko, aufgrund instabiler Strukturen in den Übergangswirtschaften Verluste zu erleiden, steht die Möglichkeit gegenüber, durch einen frühzeiteigen Markteintritt die Reputation des Unternehmens zu fördern und höhere Marktanteile zu generieren. Die meisten der in der Studie betrachteten Unternehmen konnten einen Vorteil daraus ziehen, frühzeitig in den chinesischen Markt eingetreten zu sein. Diejenigen, die im Rahmen der „Folgestrategie" ihren Konkurrenten gefolgt waren, besaßen in den meisten Fällen weniger Marktanteile. Die Herausforderung für Unternehmen besteht folglich darin, den richtigen Zeitpunkt für den Markteintritt zu bestimmen.[117] Vor allem im Dienstleistungssektor ist durch den WTO-Eintritt sowie der damit verbundenen Aufhebung der protektionistischen Wirtschaftsordnung enormes Wachstumspotenzial vorhanden, während es mittlerweile schwieriger sein dürfte, in den typischen Konsumbereichen Fuß zu fassen. Vor allem Banken, Versicherungen sowie Transportunternehmen eröffnen sich aktuell neue Möglichkeiten in China.

4.3 Marktsegmentierung des chinesischen Verbrauchermarktes

4.3.1 Schwierigkeiten der Marktsegmentierung/Marktforschung in China

4.3.1.1 Marktforschung in China unter Berücksichtigung politischer Restriktion

Die Marktforschung besteht im Wesentlichen aus zwei Komponenten. Zum einen findet sich die primäre Forschung, die das Marktpotenzial eines Unternehmens, eines Produktes oder Services bewertet. Darauf aufbauend entwickelt sie sich nach Implementierung der Leistung zu einem kontinuierlichen Vorgang, um Marketingaktivitäten zu stützen.[118]

---

[116] Vgl. ebd., S. 45 ff.

[117] Vgl. ebd., S. 43 ff.

[118] Vgl. Parnell (2002), S. 83.

Demnach ist eine grundlegende Marktforschung als Schlüsselfaktor für einen erfolgreichen Markteintritt sowie Verbleib zu identifizieren. China ist jedoch einer der schwierigsten Märkte, um Marktforschung zu betreiben – seit der wirtschaftlichen Öffnung hat sich in diesem Bereich kaum etwas getan, um den Wandel hin zur Marktwirtschaft zu unterstreichen. Dies liegt einerseits am geschlossenen politischen System. China war und ist keine offene Gesellschaft im westlichen Sinne. Marktdaten werden streng behütet und von der kommunistischen Partei als geheim deklariert. Die Freigabe der Daten erfolgt nach keinem nachvollziehbaren System. Daten, die in einem Jahr zur Verfügung gestellt werden, befinden sich im nächsten Jahr unter Verschluss[119]

Die Problematik der marktgerechten Analyse basiert indes nicht allein auf den politischen Hürden, sondern erweist sich als weitaus komplexer. Bis zur Mitte der 80er-Jahre wurde in China so gut wie keine Marktforschung betrieben, weshalb sich auch keine selbstständige Researchindustrie entwickeln konnte. Vor allem Agenturen aus Hongkong versuchten, diesen Missstand zu beheben und Daten vor allem für den ausländischen Gebrauch zu erheben. Aber auch diese Marktbearbeitung kann nur als rudimentär beschrieben werden, da die Forschung sich im Wesentlichen auf die urbanen Gebiete Peking, Shanghai und Guangzhou beschränkte.[120]

Seit Mitte der 80er-Jahre ist es ausländischen Firmen erlaubt, „eigenständig", d. h. unabhängig vom staatlichen Statistikbüro, Daten zu erheben. Doch diese Möglichkeit führte nicht zur Lösung des Problems, sind die Hindernisse in China doch vielschichtiger Natur.

Ausländische Unternehmen, die eine unabhängige Marktbearbeitung vornehmen möchten, sind zur Beantragung einer Lizenz gezwungen. Diese wird nur bei Zusammenarbeit mit einem inländischen Partner erteilt und besitzt in der Regel eine Gültigkeit von einem Jahr. Diese erzwungene Zusammenarbeit kann aber auch Vorteile für die Unternehmen mit sich bringen, so werden zum einen die Kosten reduziert und zum anderen bürokratische Hürden leichter überwunden.[121]

Doch die staatlichen Restriktionen beschränken sich nicht allein auf die Kooperationspflicht. Auch die eigentliche Forschung wird von den Behörden reglementiert. Alle Projekte sind anzumelden, um überprüft zu wer-

---

119 Vgl. ebd., S. 85.

120 Vgl. ebd., S. 85.

121 Vgl. Vgl. Bennett (1998), S. 191; Walters/Samiee (2003), S. 99; Parnell (2002), S. 86.

den. Bei der Befragung als Haupterhebungsmethode wurden alle Fragen hinsichtlich ihrer politischen Korrektheit geprüft. Unerwünschte Fragen wurden von den Behörden zensiert.

Mit Eintritt in die WTO waren diese starken Beschränkungen nicht mehr haltbar. Fragebogen und Ergebnisse müssen nicht mehr vor der Durchführung bzw. direkt im Anschluss zur Prüfung eingereicht werden. Die Behörden geben sich mit einer Kopie der Ergebnisse zufrieden. Dies bedeutet im Gegenzug jedoch nicht, dass es den Unternehmen nunmehr obliegt, unerwünschte Fragen zu stellen. Unternehmen, die sich nicht an die inoffiziellen Regeln halten, kann beim nächsten Projekt ohne weiteres die Lizenz verweigert werden.[122]

4.3.1.2 Erhebungsprobleme

Doch neben den gesonderten staatlichen Hürden existieren weitere spezifische Faktoren, die den Erhalt valider Informationen erschweren.

So unterliegt der chinesische Markt starken Veränderungen, die sich auch kurzfristig vollziehen. Ebenso schnell wie die Marktkonditionen ändert sich der Geschmack der chinesischen Verbraucher. Der Erhalt adäquater Marktinformationen ist folglich schwierig, da die Aktualität eine entsprechende Rolle spielt.[123]

Hinzu kommt die starke Heterogenität des Käufermarktes in China. Viele Unternehmen glaubten zu Beginn ihres Engagements, dass es sich um einen großen Markt handelt. Diese Auffassung ist überholt; die Schwierigkeit der Forschung liegt nunmehr in der exakten Abgrenzung der einzelnen Konsumentengruppen. Die Barrieren liegen dabei nicht allein in der Größe des zu untersuchenden Gebietes, sondern ebenfalls in der unterschiedlichen Kaufkraft in den einzelnen Regionen sowie der lokalen wirtschaftlichen Entwicklung. Aber auch religiöse wie kulturelle Einflüsse erschweren die Bildung homogener Konsumentengruppen.[124]

Diffizil gestaltet sich ebenfalls die eigentliche Erhebung des Datenmaterials. In zahlreichen Fällen wird auf die Befragungsmethode zurückgegriffen. Dabei lassen sich – wie bereits erwähnt – Fragenkonstrukte nicht nur aufgrund ihrer politischen Inkorrektheit nicht übernehmen. Hinzu kommt, dass sich diese augrund der anderen Satzstruktur und Bedeutung nicht

---

122 Vgl. Parnell (2002), S. 87 ff.

123 Vgl. Walters/Samiee (2003), S. 99.

124 Vgl. ebd.

einfach ins Chinesische übersetzen lassen. Es liegt in der Verantwortung der Forscher, das Konstrukt entsprechend abzustimmen.[125]

Wie in vielen asiatischen Kulturen verhindert das Abgeben erwünschter Antworten das Sammeln tatsächlicher Daten. Chinesen wählen häufig aus Höflichkeit die mittlere Alternative, anstatt ihre ehrliche Meinung anzugeben. Demnach haben westliche Konzepte wie Gruppendiskussionen oder aber Befragungen nur geringe Chancen, valide Informationen zu liefern.

Staatliche Statistiken sind oft nur unzureichend informativ. Daten werden zwar aus den einzelnen Regionen bezogen, diese sind jedoch größtenteils unvollständig und bilden die Realität lediglich ungenau ab. Außerdem können sie in einigen Punkten vom Statistikbüro geschönt sein, um in der Öffentlichkeit ein entsprechendes Bild vom Staat aufrechtzuerhalten.[126]

Deutlich wird, dass es nach wie vor schwierig, aber auch wichtig, ist Marktinformationen in China zu erhalten. Der Zugang zu Datenmaterial bildet den Ausgangspunkt hinsichtlich der strategischen Planung der Unternehmen. Firmen, die sich auf dem chinesischen Markt etablieren wollen, müssen zunächst Geduld üben und vorsichtig planen.[127]

Der Aufbau einer eigenen Guanxistruktur kann auch in diesem Bereich helfen, mittelfristig Zugang zu Informationen zu erhalten. Auf die Bedeutung der Guanxi wird im Punkt 4.4.2 noch näher eingegangen. Langfristig betrachtet wird vermutlich nur eine ökonomische wie auch politische Stabilität die Möglichkeit bieten, ein modernes Marktforschungssystem aufzubauen. Doch bis dahin müssen die Unternehmen lernen, sich auf die Bedingungen vor Ort einzustellen.[128]

4.3.2 Klassifizierung des chinesischen urbanen Verbrauchermarktes

4.3.2.1 Gruppencluster und Eigenschaften

Wie bereits in Punkt 4.3.1 erwähnt, ist es nicht nur schwierig, in China valide Marktforschungsdaten zu erhalten, sondern auch aufgrund der Größe des Landes und der Konsummärkte eine sinnvolle Klassifizierung vorzunehmen. Ziel einer Untersuchung von A. T. Kearny war es, die chinesischen Städte in bestimmte Kategorien zusammenzufassen.

---

125 Vgl. Bauer (2002), S.32.

126 Vgl. Larsen (1996), S. 147.

127 Vgl. Walters/Samiee (2003), S. 100.

128 Vgl. Parnell (2002), S. 87 ff.

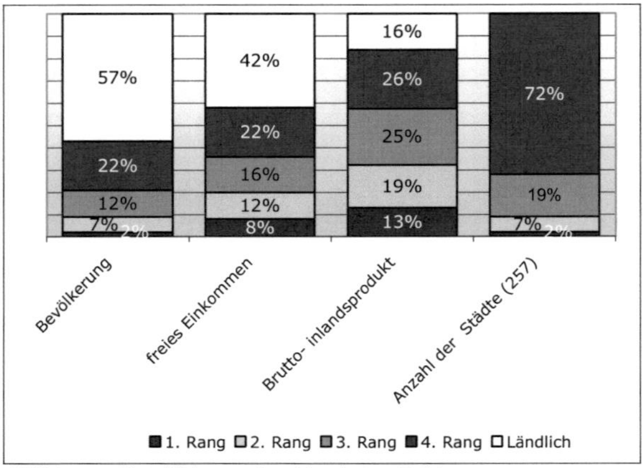

Abbildung 7: Klassifizierung der chinesischen Städte
Quelle: Vgl. http://www.atkearney.de/content/misc/wrapper.php/id/48978/area/retail/name/pdf_china_fmcg_monograph_s_10734093336285.pdf

Für die Einteilung wurden 600 Städte in der Volksrepublik untersucht. Als Indikatoren dienten das Einkommen, der Grad der Marktöffnung in den Städten sowie das wirtschaftliche Umfeld. Als Ergebnis wurden zunächst ländliche und urbane Gebiete bestimmt. Die Städte wurden zudem weiter in Städte vom Rang 1, 2, 3 und 4 unterteilt. Insgesamt können 257 Städte in die eben genannten Kategorien eingestuft werden. Die Bevölkerung in Städten vom Rang 1 ist am wohlhabendsten. Dazu zählen Peking, Shanghai, Guangzhou und Shenzhen. Mit rund 2 % an der Gesamtbevölkerung steht den Einwohnern rund 8 % des gesamten freien Einkommens zur Verfügung. Daneben erwirtschaften diese Städte rund 13 % des Bruttoinlandsproduktes. Aufgrund der starken Wirtschaftskraft sind diese Gebiete in der vergangenen Zeit sehr attraktiv für ausländische Unternehmen gewesen. Die nächste Gruppe bilden die Städte 2. Ranges. Rund 7 % der Bevölkerung leben dort und erwirtschaften 19 % des Bruttoinlandsproduktes. Insgesamt leben ca. 43 % der Bevölkerung in urbanen Gebieten. Aufgrund der starken Abweichungen in den Einkommen bevorzugen die ausländischen Konsumartikelhersteller bisher vor allem die urbanen Gebiete der Kategorie 1 und 2.[129]

Cui und Lui haben in einer weiterführenden Studie eine Segmentierung der urbanen Konsumenten für Shanghai als Stadt der 1. Kategorie vorge-

---

[129] Vgl. Larsen (1996), S. 158-159 ;Grant (2005), S. 25; Internetquelle: http://www.atkearney.de/content/misc/wrapper.php/id/48978/area/retail/name/pdf_china_fmcg_monograph_s_10734093336285.pdf

nommen. Diese Studie soll beispielhaft für eine mögliche Einteilung der Verbraucher sein und Schlussfolgerungen für eine denkbare Marktbearbeitung zulassen bzw. das Potenzial der einzelnen Konsumentengruppen aufzeigen.[130]

Wichtigstes Klassifizierungsmerkmal bildete das Einkommen der urbanen Konsumenten. Vor allem für importierte Güter bildet fungiert diese Größe als Basis, da diese Waren normalerweise teurer als inländische sind. Neben zusätzlichen demografischen Faktoren wie Alter, Bildung, Beruf und Haushaltszusammensetzung wurden zugleich psychografische Faktoren wie Lebensstil, Mediennutzung und Markeneinstellung bei der Untersuchung berücksichtigt.[131]

Aus den Ergebnissen ließen sich vier verschiedene Gruppen klassifizieren, deren Anteil am urbanen Verbrauchermarkt in Abbildung 8 grafisch dargestellt wird.

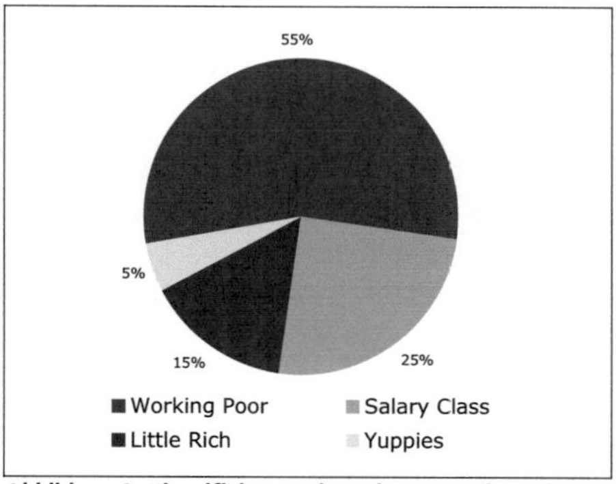

Abbildung 8: Klassifizierung des urbanen Verbrauchermarktes
Quelle: In Anlehnung an: Cui/Liu (2001), S. 94.

Working Poor

Die größte Gruppe bilden mit 55 % die so genannten „Working Poor". Im Durchschnitt verfügen diese Verbraucher über ein Jahreseinkommen von 7000 RMB. Dies entspricht in etwa 700,- Euro. Die meisten Personen haben einen Oberschulabschluss und arbeiten vermehrt in staatlichen Fabriken. Im Vergleich zu den anderen Gruppen sind sie mit ihrem sozialen Status am unzufriedensten und nehmen nicht zuletzt aufgrund der Beschränkung der finanziellen Mittel nur wenig am gesellschaftlichen Leben teil.

---

130 Vgl Ho (2000), S. 64.

131 Vgl. Jagersma/van Gorp (2003), S. 29; Cui/Liu (2001), S. 89.

Die „Working Poor" benutzen alle zur Verfügung stehenden Mediatypen, einschließlich des Fernsehens; sie verbringen indes wenig Zeit damit.

Die finanzielle Begrenzung wird auch bei den favorisierten Konsumgütern deutlich. Diese Gruppe erwirbt nur selten langlebige aus dem Westen importierte Produkte, da sie schlichtweg zu teuer sind. Stattdessen werden einheimische Produkte favorisiert. Dabei wird der größte Teil des zur Verfügung stehenden Einkommens für Miete und Nahrung ausgegeben.[132]

Salary Class

Die nächste Einheit bildet die „Salary Class". Die in dieser Gruppe klassifizierten Haushalte verfügen über ein Einkommen von bis zu 15.000 RMB. In zahlreichen Fällen handelt es sich um Verheiratete mit einem Kind. Ebenso wie die Gruppe der „Working Poor" besitzen viele einen Oberschulabschluss und befinden sich in staatlicher Anstellung.

Sie sind im Großen und Ganzen mit ihrer Lebenssituation zufrieden und besitzen eine konservative sowie realistische Lebenseinstellung. Diese Gruppe liest am meisten, wobei die Lektüre vorwiegend aus Tageszeitungen besteht.

Bei den langfristigen Konsumgütern werden größtenteils einheimische Produkte gewählt, dennoch ist das Verlangen nach qualitativ hochwertigen, meist ausländischen Produkten hoch, kann aber aufgrund der finanziellen Situation nicht gestillt werden.

Auch wenn viel Geld für den Lebensunterhalt aufgewendet werden muss, so stehen oftmals noch finanzielle Mittel für Freizeitbeschäftigung und für das Sparen zur Verfügung.[133]

Little Rich

Mit 15 % repräsentiert diese Gruppe die aufstrebende Mittelklasse. Dabei handelt es sich vorwiegend um verheiratete Paare mit zwei Kindern. Während die beiden vorangegangenen Gruppen vor allem über eine abgeschlossene Oberschulbildung verfügen, erreichen die „Little Rich" ein höheres Bildungsniveau, welches sie auf weiterführenden Schulen erlangt haben. Daher ist es nicht verwunderlich, dass viele für die Regierung tätig sind. Einigen ist es gelungen, ein eigenes Unternehmen aufzubauen bzw. eine private Anstellung zu erwirken.

Obwohl sie im Gegensatz zur „Salary Class" einen für chinesische Verhältnisse hohen Lebensstandard erreicht haben, ist die Gruppe der „Little

---

132 Vgl. Cui/Liu (2001), S. 94.
133 Vgl. ebd., S. 95.

Rich" nicht zufrieden. Sie setzen auf zukünftige Verbesserung durch weitergehende Reformen.

Da sie mit einem durchschnittlichen Jahreseinkommen von 30.000 RMB ihren Lebensunterhalt ohne Probleme bestreiten können, steht ein Teil des Einkommens für Luxusartikel zur Verfügung. Investiert wird aber nicht nur in langlebige Konsumgüter, wie z. B. Klimaanlagen, sondern auch in Luxusartikel des täglichen Bedarfs, wie z. B. Pflegeprodukte.

Im Unterschied zur „Salary Class" liest diese Gruppe vermehrt Magazine und sieht auch wesentlich öfter fern.[134]

Yuppies

Die letzte und zugleich kleinste Gruppe bilden die so genannten „Yuppies" mit rund 5 % der urbanen Bevölkerung. Es handelt sich vorwiegend um junge Mittdreißiger, die oftmals eine Hochschulbildung vorweisen können. Ein großer Teil der Gruppe ist selbstständig bzw. im Privatsektor tätig. Der Rest ist ebenfalls noch beim Staat angestellt, dann aber in entsprechend besser dotierten Positionen. Das durchschnittliche Jahreseinkommen ist im Vergleich zu den „Little Rich" enorm viel höher und liegt bei etwa 78.000 RMB (7.800 €).

Mit ihrer Lebenssituation sind sie sehr zufrieden. Auffällig ist, dass die Lebenseinstellung innerhalb der Gruppe sehr konträr ist. Sie reicht von einer individuellen Lebensweise hin zu vollständiger Konformität.

Diese Konsumenten sind nicht nur gewillt, sondern auch in der Lage, Luxusartikel und Markenprodukte aus dem Westen zu erwerben. Viele von ihnen besitzen einen Computer und ein Auto, was in China immer noch eine Ausnahme bildet. Der aktive Lebensstil schlägt sich ebenfalls auf die Freizeitgestaltung nieder. Im Gegensatz zu allen anderen Gruppen sind auch nach Bestreitung des Lebensunterhalts ausreichend liquide Mittel vorhanden.

Die Yuppies sind intensive Mediennutzer und informieren sich über aktuelle Geschehnisse. Sie bevorzugen es, fernzusehen, lesen aber auch Magazine und Zeitungen.[135]

Generell ist zu konstatieren, dass das Kaufverhalten der Chinesen sehr zurückhaltend ist. Das fehlende soziale Netz und die zahlreichen sozialen Reformen gehen zulasten der Mittelklasse. Die Verteilung des Einkommens auf bestimmte Bereiche folgt daher einem festen Muster. Zunächst

---

[134] Vgl. ebd.

[135] Vgl. ebd.

werden alle Ausgaben bezüglich Miete und Lebensunterhalt gedeckt. Im Anschluss werden die zur Verfügung stehenden Mittel auf die medizinische Versorgung, das Rentensparen sowie die Bildung der Kinder aufgeteilt. Der Konsum nicht notwendiger Dinge wird zurückgestellt.

Die hohen Sparraten und der Anstieg der Lebensversicherungen zeugen vom mangelnden Vertrauen der Chinesen in die Stabilität der politischen Reformen und des Gesellschaftssystems.[136]

4.3.2.2 Bedeutung der Marktsegmentierung für das Marketing

Nach der Einteilung und Beschreibung der urbanen Konsumentengruppen ist es notwendig, daraus Konsequenzen für den Einsatz der Marketinginstrumente zu schließen. Deutlich wurde, dass aufgrund der starken Differenzierung allein im Sektor der urbanen Bevölkerung eine einheitliche Standardisierungsstrategie nicht den größten Erfolg verspricht.

Auch wenn die städtischen Haushalte in einigen Bereichen immer mehr den westlichen ähneln, so unterscheidet sich die Marktstruktur noch wesentlich von derjenigen entwickelter westlicher Länder. Auf der einen Seite repräsentieren etwa 80 % der Haushalte (Working Poor + Salary Class) im Moment keine potenziellen Konsumenten, andererseits nimmt die Heterogenität innerhalb einer Konsumentengruppe aufgrund rapider Veränderungen immer weiter zu.

Für viele MCNs ist diese Entwicklung mit vorher nicht geahnten Folgen verbunden. So ist ein steigender Absatz nicht auf das große Konsumentenpotenzial zurückzuführen, sondern auf das Wachstum innerhalb einer bestimmten Einkommensgruppe, den „Yuppies". Die Entwicklung innerhalb dieser Gruppe ist allerdings limitiert. Demnach wird es für die Unternehmen wichtig sein, eine Strategie zu entwickeln, die sich über diesen Markt hinaus erstreckt. Hinzu kommt, dass – anders als z. B. Konsumenten aus Deutschland – chinesische Verbraucher noch nicht markenloyal handeln, d. h. innerhalb einer Produktgruppe immer die gleiche Marke bzw. das gleiche Produkt favorisieren.[137]

Für andere MNCs kann sich eine andere Markteinteilung, die sich z. B. auf weitere Eigenschaften der chinesischen Haushalte, auf die unterschiedlichen Klimabedingungen oder aber auf saisonale Schwankungen bezieht, als wesentlich nützlicher erweisen. Gerade für die Bereiche Nahrung und Kleidung wäre eine Einteilung nach Regionen sehr sinnvoll, denn diese

---

136 Vgl. ebd., S. 96.
137 Vgl. ebd., S. 97.

variieren hinsichtlich ihrer Werte, Lebensstile und Sitten doch sehr voneinander.

Einen großen Fehler, den viele MNCs in China begangen haben, ist die Gleichsetzung der chinesischen Mittelklasse mit derjenigen westlicher Länder. Die Idee, bestehende Marketingstrategien einfach zu übernehmen und die gleichen Produkte zu implementieren, wird aufgrund der starken kulturellen Differenzierung nicht möglich sein. Anders als in den sozialistischen osteuropäischen Ländern verläuft die wirtschaftliche Entwicklung in China abweichend.

Wie die Einteilung der Konsumentengruppen bestätigt, existiert derzeit nur ein kleiner Teil aktiver Konsumenten, der Großteil der Bevölkerung ist derzeit, allein wegen der finanziellen Beschränkungen, nicht am Kauf internationaler Marken interessiert. Für die MNCs liegt die Herausforderung demnach in der Entwicklung von Konzepten, die diesem Fakt Rechnung tragen.[138]

Die Vorgehensweise auf dem Markt korreliert stark mit dem jeweiligen Produkt. Die Zielgruppe für ausländische Luxusprodukte stellen ganz deutlich die „Yuppies" dar. Ihre finanziellen Möglichkeiten und das Verlangen nach Statussymbolen bieten die notwendigen Voraussetzungen für MNCs, die sich in diesem Bereich positionieren. Da diese Gruppe auch als Trendsetter für den Rest des Marktes fungiert, können andere Unternehmen Konsequenzen für den Vertrieb ihrer Produkte in einer anderen Konsumentengruppe ziehen.

Für Unternehmen, die keine reinen Luxusartikel herstellen, wird es schwieriger werden, den Absatz der Produkte voranzutreiben. Eine Positionierung in einer weiteren Konsumentengruppe scheint notwendig, um die gewünschten Skalenerträge zu erreichen.

4.4 Der Markteintritt

4.4.1 Die Wahl der Markteintrittsstrategie und des Timings

Eine Unternehmung, die sich dazu entschieden hat, einen Auslandsmarkt zu bearbeiten, hat die Wahl zwischen verschiedenen Eintrittsstrategien, die durch das zu erwartende Risiko determiniert werden. Einen bedeutenden Einflussfaktor bildet hierbei der spezifische Kapitaleinsatz, den das Unternehmen aufzubringen bereit ist. Dieser Fakt lässt eine Unterscheidung in den Markteintritt mit oder ohne Kapitaleinsatz zu. Die ein-

---

[138] Vgl. Bennett (1998), S. 190-191.

fachste und somit risikoärmste Form des Auslandsengagements verkörpert hierbei der Export. Die Produkte werden durch den ausländischen Distributor eingeführt und vertrieben. Die Wareneinfuhr beim direkten Export erfolgt dabei über Großhandelsunternehmen, Exklusiv- und Vertragshändler oder aber Einkaufszentralen. Diese fungieren damit als Mittler zwischen Produzent und Endkonsument.[139]

Eine weitere Form des Markteintritts ohne Kapitaleinsatz bietet der Lizenzvertrag. Im Namen der ausländischen Firma stellt ein inländisches Unternehmen Produkte her oder offeriert Serviceleistungen. Im Gegenzug erhält dieses Unternehmen alle dafür notwendigen Lizenzen. Diese können sich auf den Bereich der Produktion beschränken, aber auch andere Bereiche, wie den bspw. den Vertrieb, tangieren. Staatliche Behinderungen durch eine extensive Import- und Exportpolitik können dadurch umgangen werden. Auf der anderen Seite besteht die Gefahr, dass der Lizenznehmer die hergestellten Produkte in das Land des Lizenz gebenden Unternehmens exportiert. Franchising bildet dabei eine Form der Lizenzvergabe. Gegen Zahlung einer Gebühr kann der Franchisenehmer seine eigenständig geführte Zweigniederlassung eröffnen. Dabei hat er bestimmte Rahmenbedingungen einzuhalten, die das jeweilige Unternehmen vorgibt. Oftmals folgen Ausstattung, Angebot und Service dem gleichen Muster. Verwaltung, Marketing sowie der Bereich Human Ressources unterliegen hingegen dem Franchisenehmer. Die meisten Franchiseunternehmen sind im Einzelhandel und im Gaststättengewerbe anzutreffen. Zu den bekannten Franchisekonzepten gehören The Body Shop, Subways, McDonald's und Pizza Hut. Der Franchisenehmer kann nicht nur von der Reputation des Unternehmens profitieren, sondern ebenfalls vom Know-how. Daneben wird der Markteintritt beschleunigt und der selbstständige Unternehmer genießt in den meisten Fällen einen Gebietsschutz. Der Franchisegeber kann in einigen Fällen auf einen bestehenden Kundenstamm zurückgreifen und daher äußerst schnell in den neuen Markt expandieren. Das Kostenniveau bleibt allerdings äußerst niedrig, da der Franchisegeber nicht denselben Aufwand hat wie beim Aufbau eines eigenen Filialsystems. Das Risiko für den Franchisegeber liegt allerdings darin, dass für viele Endkonsumenten oftmals nicht ersichtlich ist, dass das Geschäft bzw. die Niederlassung unabhängig agiert. Negative Erfahrungen gehen daher stets zulasten der Gesamtmarke.[140]

---

139 Vgl. Lieberthal/Lieberthal (2003), S. 77; Berndt/Fantapié Altobelli/Sander (2003), S. 139; Meffert/Bolz (1998), S. 124.

140 Vgl. Apfelthaler, Gerhard (1999), S. 63-65; Meffert/Bolz (1998), S. 127; Lieberthal/Lieberthal (2003), S. 76-78; Berndt/Fantapié Altobelli/ Sander (2003), S. 139.

Weist ein Auslandsmarkt ein hohes Wachstums- und Gewinnpotenzial auf, entscheiden sich Unternehmen häufig für einen Markteintritt, der mit einem Kapitaleinsatz verbunden ist. Eine der bekanntesten Formen der Direktinvestition bildet dabei das Joint Venture. Das ausländisches Unternehmen und der inländische Partner, bei dem es sich um private wie auch staatliche Unternehmen handeln kann, gründen gemeinsam ein Unternehmen – ein Joint Venture. Diese Form der Partnerschaft ist meist zeitlich begrenzt. Strategie und Führung der Joint Venture stehen größtenteils in Abhängigkeit zur Höhe der jeweiligen Beteiligung. Für die Volksrepublik China bilden Joint Ventures für einen langen Zeitraum die einzige Möglichkeit für ausländische Unternehmen, in den Markt einzutreten. Staatliche Vorgaben zwangen sie dazu, mit inländischen Unternehmen zu kooperieren. Während für einige Unternehmen die staatlich verordnete Zusammenarbeit erfolgreich verlief, führte sie bei anderen Unternehmen zu einem ungewollten Technologietransfer. Nach dem Eintritt in die WTO sind mittlerweile auch andere Formen der Direktinvestitionen, wie die Gründung von Tochtergesellschaften, zulässig. Dieses Recht erstreckt sich allerdings nicht auf alle Bereiche unternehmerischen Handels. Vor allem auf dem Gebiet der Kommunikation und bei Infrastrukturprojekten dürfen ausländischen Unternehmen ausschließlich Minderheitsbeteiligungen eingehen.[141]

Tochtergesellschaften stellen die kapitalintensivste Form des Markteintritts dar. Struktur- und Kultur werden dabei oftmals vom Mutterkonzern übernommen. In einigen Fällen entspricht die kleine ausländische Tochtergesellschaft exakt dem Mutterkonzern. Abhängig vom gewährten Freiraum eigenverantwortlicher Führung kann sich die Strategie der Tochtergesellschaft aber auch stark vom Rest des Konzerns unterscheiden. Anders als beim Joint Venture bietet die Niederlassungsgründung größeren Schutz vor dem Abfluss von Know-how. Auch lassen sich unternehmensinterne komparative Wettbewerbsvorteile besser nutzen.[142]

Neben der Auswahl der richtigen Strategie ist indes ebenfalls der Eintrittszeitpunkt, mithin das Timing des Markteintritts von Bedeutung. Dabei kann zwischen länderübergreifenden und landespezifischen Strategien differenziert werden. Zur ersten Kategorie gehören die Wasserfall-, Sprinkler- und Wassertropfenstrategie. Bei der Marktbearbeitung nach

---

141 Vgl. Apfelthaler, Gerhard (1999), S. 103-104.

142 Vgl. Berndt/Fantapié Altobelli/Sander (2003), Apfelthaler, Gerhard (1999), S. 73; S. 141; Meffert/Bolz (1998), S. 129.

der Wasserfallstrategie wird nach ausgiebigen Researcharbeiten der Markt ausgewählt, der das meiste Erfolgspotenzial verspricht. Ein weiterer Markt kommt erst dann hinzu, wenn sich das Unternehmen im ersten Auslandsmarkt etabliert hat.[143]

Die Sprinklerstrategie zeichnet sich dadurch aus, dass das Unternehmen versucht, innerhalb kürzester Zeit auf möglichst vielen Märkten aktiv zu werden. Das Niveau der Marktbearbeitung sowie Marktdurchdringung ist dabei häufig sehr gering. In bestimmten Produktkategorien (Computer, Mobiltelefone) sind kurze Entwicklungszyklen eine Ursache dafür, warum Unternehmen möglichst schnell danach streben, ihre Produkte auf mehreren Märkten einzuführen. Da eine intensivere Einführungsphase wesentlich zeitaufwendiger ist, könnte das Produkt mitunter bereits als veraltet gelten.[144]

Die dritte Form der länderübergreifenden Marktbearbeitung verkörpert die Wassertropfenstrategie. Dabei liegt der Fokus nicht auf der spezifischen Länderauswahl, sondern in der Festlegung einer bestimmten Region als Zielmarkt, wie z. B. Südostasien. Dabei wird ein Land dieser Region für den Markteintritt ausgewählt, um dann sukzessive auch in andere Ländermärkte vorzudringen.[145] Länderspezifische Timingstrategien lassen eine Unterscheidung zwischen Pionier- und Folgerstrategie zu. Im ersten Fall durchdringt ein Unternehmen vor der Konkurrenz den Auslandsmarkt. Bei der Folgerstrategie tritt ein Unternehmen erst später ein, nachdem die Mitbewerber bereits vor Ort agieren. Welche Strategie am erfolgreichsten ist, kann nicht allgemein gültig festgelegt werden. Die Pionierstrategie muss nicht zwangsläufig besser sein. In Kapitel sechs werden zwei Unternehmen vorgestellt, die sich beide für die Pionierstrategie im Rahmen des Markteintritts in China entschlossen haben, diese jedoch mit unterschiedlichem Erfolg umsetzen konnten. Der frühzeitige Markteintritt ermöglicht es den Unternehmen, sich zunächst eine feste Marktposition aufzubauen. Für gewöhnlich resultiert daraus eine gewisse Loyalität der Konsumenten beim Kauf der Produkte. Des Weiteren kann ein Unternehmen von Erfahrungswerten profitieren, die es auf dem Fremdmarkt sammeln konnte, da spezifische Fehler im Laufe der Zeit korrigiert werden. Negativ zu werten sind gleichwohl die enormen Kosten, die durch die Markterschließung entstehen.[146]

---

143 Vgl. ebd., S. 148.
144 Vgl. Meffert/Bolz (1998), S. 137.
145 Vgl. ebd., S. 138; Berndt/Fantapié Altobelli/Sander (2003), S. 147.
146 Vgl. Meffert/Bolz (1998), S. 138; Berndt/Fantapié Altobelli/Sander (2003), S. 147.

4.4.2 Das Guanxisystem als spezifische Markteintrittsbarriere für den Markt China

Unter Markteintrittsbarrieren versteht man im Wesentlichen die Hürden, die ein Unternehmen überwinden muss, um auf einem Auslandsmarkt aktiv zu werden. Dabei ist eine Unterscheidung in institutionelle sowie verhaltensbedingte Markteintrittsbarrieren sinnvoll. Die tarifären sowie nicht tarifären Barrieren muss ein Unternehmen oftmals als gegeben akzeptieren. Veränderungen finden häufig nur über politische Strukturmaßnahmen statt. Vor dem WTO-Eintritt waren die institutionellen Hemmnisse für ausländische Unternehmen wesentlich größer. Doch die Volksrepublik sieht sich nunmehr dazu gezwungen, die protektionistische Wirtschaftspolitik aufzugeben und inländische mit ausländischen Unternehmen gleichzustellen. Die Strukturanpassungen werden allerdings noch einige Zeit in Anspruch nehmen. Die verhaltensbedingten Markteintrittsbarrieren sind – anders als die institutionellen – beeinflussbar. Durch eine gute Vorbereitungsphase verlieren einige Problemfelder an Bedeutung. Abbildung 9 gibt einen zusammenfassenden Überblick über mögliche Eintrittsbarrieren in den chinesischen Markt. Da die meisten auch symptomatisch für andere Märkte sind, soll im Folgenden das Guanxisystem als spezifische Markteintrittsbarriere genauer betrachtet werden.

MARKTEINTRITTSBARRIEREN			
Institutionelle Markteintrittsbarrieren		Verhaltensbedingte Markteintrittsbarrieren	
Tarifäre Barrieren	Nicht - tarifäre Barrieren	Marktseitige Barrieren	Unternehmens-interne Barrieren
• Zölle • Mengenzoll • Wertzoll • Steuern	• Importquoten • Mindest-/Höchst-preise • Devisen-/Kapital-beschränkungen • Norme, Standards • Vertragsrecht • Zugang zu Rohstoffen	• Nachfrageverhalten • Sprache • Kultur- und Werte-system • Konkurrenz • Distributions-system • Administrative Hemmnisse • *Guanxi System*	• Informations-gewinnung, Marktforschung • Personalfindung, Management • Aufbau von Liefer-antenbeziehungen

Abbildung 9: Markteintrittsbarrieren in China
Quelle: Vgl. Meffert/Bolz (1998), S. 141.

Die Besonderheit des chinesischen Marktes liegt im engen Beziehungsgeflecht, das notwendig ist, um vor allem als ausländisches Unternehmen erfolgreich zu agieren. Synonym dafür ist das Wort „guanxi". Es besteht zum einen aus der ersten Silbe „guan", was „Hürde" oder „Schranke" bedeutet. Die zweite Silbe „xi" verweist auf eine besondere Verbindung oder Beziehung. Der gesamte Wortlaut kann mit „Überwinde das Hindernis durch Beziehungen" übersetzt werden.[147]

Die angedeuteten Verbindungen weisen auf alle Formen zwischenmenschlicher Beziehung hin. Es geht nicht nur um Freundschaft, sondern auch um andere Formen sozialer Beziehungen. Die chinesische Gesellschaft ist durch konzentrische Guanxi-Kreisläufe, angefangen bei der Familie, über Freunde hin zu Geschäftspartnern, geprägt. Im Allgemeinen steht das Wort dafür, jemandem einen Gefallen zu erweisen. Das Guanxigeflecht lässt sich in drei Gruppen klassifizieren. Demnach existiert die Beziehungen innerhalb einer Familie, zwischen Nachbarn, Freunden und Kollegen sowie zwischen Fremden und Bekannten. Selbstverständlich haben die Verbindungen je nach Gruppenzugehörigkeit eine andere Bedeutung für die Partner. Des Weiteren zeichnen sie sich durch andere zwischenmenschliche Verhaltensweisen aus. [148]

Einige Unternehmen begehen den Fehler, Guanxi als Überbleibsel des kommunistischen Systems zu erachten, innerhalb dessen Beziehungen unabdingbar waren. Doch das Beziehungssystem ist so stark und bereits seit so langer Zeit in der chinesischen Kultur verankert, dass mit keiner grundlegenden Änderung des „Geschäftemachens" zu rechnen sein wird.

---

[147] Vgl. Lee/Dawes (2005), S. 29.
[148] Vgl. Wong/Tam (2000), S. 57.

Vielmehr bildet sich in China eine Wirtschaftskultur heraus, die kapitalistische Züge aufweist und sich zudem über Beziehungen definiert, die über den Familien- und Freundeskreis hinausgehen.[149]

Eine der wichtigsten Komponente im Bereich der Guanxiverbindungen bildet der Zeitfaktor. Wirtschaftliche Verbindungen zwischen Unternehmen werden in westlichen Ländern vor dem Hintergrund eines starken Rechtskonstrukts eingegangen. Dadurch werden die Interessen beider Parteien, zumindest unter den gesetzlichen Rahmenbedingungen, gewährleistet. Daher fördern persönliche Beziehungen sicherlich das Vertrauen zwischen den Geschäftspartnern, sind aber nicht zwingend erforderlich. Anders hingegen in China. Das politische System gibt keine klaren Strukturen vor. Vor allem ausländische Unternehmen werden bei Transaktionen nicht geschützt. Im Hinblick auf diesen Zustand fungieren Guanxi als eine Art Ausgleichssystem, in dem die Geschäftspartner vor opportunistischem Verhalten geschützt werden.[150]

Für diejenigen, die sich langfristig in China engagieren wollen, stellt sich die Frage, wie man als Ausländer Teil dieses doch recht komplizierten Konstruktes werden kann. Im Gegenzug dazu stehen chinesische Manager vor dem Problem, wie man mit einer unbekannten Person eine Geschäftsbeziehung eingehen kann. Für ausländische Partner ist es schwer, die Schwelle zu erreichen, an der man nicht mehr als fremd angesehen wird. Neben dem Zeitfaktor spielen die Akzeptanz und die Anpassung an das System die entscheidende Rolle. Demnach muss es den Partnern möglich sein, das Gesicht zu wahren und sich gegenseitig Gefälligkeiten zu erweisen. Nach und nach spielt der emotionale Faktor in der Beziehung eine immer stärker werdende Rolle. Basis und zugleich auch Ergebnis von Guanxi ist Vertrauen. Zunächst ist dieses meist rein kognitiv geprägt, die affektive Komponente wird im Zeitablauf aber immer wichtiger.[151]

Vor allem im Bereich des Marketings ist die Beziehung zwischen den Partnern nicht zu unterschätzen. Ziel eines Unternehmens muss es sein, das Vertrauen, welches sich Mitarbeiter durch eine persönliche Beziehung zu den Geschäftspartnern geschaffen haben, auf ein unternehmensbezogenes Niveau zu transferieren. Die Kernkomponente verkörpert zunächst der einzelne Mitarbeiter. Seine Expertise und sein Status im Unternehmen bauen dabei zwischenmenschliches Vertrauen sowie Vertrauen in

149 Vgl. Zinzius (1996), S. 172-173; Wong/Tam (2000), S. 57, S. 69; Grant (2006), S. 24.

150 Vgl. Walters/Samiee (2003)

151 Vgl. Lee/Dawes (2005), S. 48 f.

die Firma auf. Hinzu kommt die Interaktion zwischen den Unternehmen im täglichen Geschäft. Verlaufen Prozesse reibungslos, so steigt der Grad an Vertrauen zwischen den Parteien. Aber auch die für beide Seiten zufrieden stellende Lösung von Problemen fördert das Vertrauen ins Unternehmen. Die emotionale Beziehung zwischen den Unternehmen ist hingegen allein durch Personen geprägt. Der persönliche Kontakt bildet im Guanxisystem des „Geschäftemachens" eine entscheidende Rolle. Entscheidend ist allerdings das richtige Maß – zu viel Kontakt kann das Misstrauen des Partners fördern, der dann beginnt, die Motive der anderen Person zu hinterfragen.[152]

Definiert sich eine Geschäftsbeziehung eher über die daran teilnehmenden Personen als über das Image des Unternehmens, so wird es schwierig sein, bei einem Austausch der Personen die starke Guanxiverbindung aufrechtzuerhalten. Demnach erweist sich die Personalauswahl für bestimmte Schlüsselpositionen als von immenser Bedeutung. Während die Austauschbarkeit von Personal in westlichen Ländern dem einzelnen Mitarbeiter stetig suggeriert wird, ist die langfristige Zusammenarbeit mit den Mitarbeitern in China zwingend erforderlich.[153]

Zusammenfassend kann festgehalten werden, dass das Guanxisystem zunächst eine massive Markteintrittsbarriere darstellt. Gelingt es indes einem Unternehmen, Geschäftsbeziehungen zu chinesischen Partner zu etablieren, vermindert sich das Risiko für die Unternehmung im Wettbewerb.[154]

---

152 Vgl. Zinzius (1996), S. 173-174; Lee/Dawes (2005)S. 51.

153 Vgl. Grant (2006), S. 28; Lieberthal/Lieberthal (2003), S. 76.

154 Vgl. Wong/Tam (2000), S. 57; Zinzius (1996), S. 174.

5 Taktisch-operatives Marketing

5.1 Internationale Produkt- und Programmpolitik

5.1.1 Culture-free- und Culture-bond-Produkte

Zur internationalen Produkt- und Programmpolitik zählen sämtliche Entscheidungen, die sich auf einen marktgerechten Absatz der Produkte beziehen. Im Gegensatz zu allen anderen Komponenten des taktisch-operativen Marketings nimmt sie eine gesonderte Stellung ein, da sich alle anderen Bestandteile des Marketing-Mix auf das Produkt oder den Markt beziehen. Für das internationale Marketing stellt sich die Frage, ob ein nationales Produkt auch auf ausländischen Märkten erfolgreich sein kann. Neben der Befriedigung des eigentlichen Basisnutzens besitzt jedes Produkt noch weitere Eigenschaften, durch die es sich von ähnlichen Fabrikaten absetzt. Zu den technischen und funktionalen Eigenschaften gehören die verwendeten Materialen ebenso wie die Konstruktion und die Leistungsmerkmale. Der zeitweilige modische Geschmack und kulturelle Besonderheiten verleihen der Ware eine unverkennbare Ästhetik. Zu den symbolischen Produkteigenschaften gehören das transportierte Markenimage sowie die Assoziationen, welche die Konsumenten mit dem Produkt in Verbindungen bringen. Der nachfolgende Gliederungspunkt widmet sich dieser Thematik noch eingehender.[155]

Auch wenn – wie bereits beim Standardisierungsmodell nach Levitt erklärt – eine Standardisierung die Reduzierung der Kosten ermöglicht, so finden sich ebenfalls im Bereich der Produktgestaltung spezifische Gründe, die eine Adaption unumgänglich machen. Vor allem wenn sich Märkte sehr stark voneinander unterscheiden, sind Anpassungen erfahrungsgemäß unumgänglich. Der chinesische Markt und die Konsumenten unterscheiden sich doch stark von denen westlicher Länder. Werden allein kulturelle Aspekte zunächst ausgeklammert, so erfordern andere Ge- und Verbrauchsbedingungen sowie Gewohnheiten häufig eine Anpassung. Dazu zählen z. B. unterschiedliche Stromstärken, die eine Benutzung des ursprünglichen Produktes ausschließen, oder aber die Haushaltsgröße eines durchschnittlichen chinesischen Haushaltes, die andere Produktabpackungen bedingen. Die staatliche Einflussnahme im Bereich Umweltschutz oder Sicherheit ist momentan in China nur vereinzelt zu erkennen. Da westliche Produkte oftmals einen hohen Sicherheitsstandard aufweisen, dürften in diesem Bereich selten Anpassungen notwendig werden.

[155] Vgl. Meffert/Bolz (1998), S. 161 f.

Grundsätzlich hängt die Standardisierbarkeit von der Art des Produktes ab. Lässt man die Anpassung physikalischer Eigenschaften außer Acht, so weisen industrielle Produkte ein hohes Standardisierungspotenzial auf. Sie sind kulturungebunden und eignen sich daher für den Einsatz einer universellen Marketingstrategie. In vielen Fällen ist der Endkonsument nicht der private Käufer, sondern der Einkäufer eines Unternehmens. Dieser weist andere Verhaltensmerkmale auf und trifft Entscheidungen wesentlich rationaler. Qualität, Firmenreputation und Preis sind die Komponenten, die ihn interessieren und die dementsprechend nicht kulturell geprägt sind.

Für Unternehmen ergibt der Ausbau von Marktanteilen durch Differenzierung in diesem Zusammenhang wenig Sinn, da die Kosten den Nutzen oftmals überwiegen. Die Abnehmer für diese Produkte befinden sich vorwiegend in urbanisierten Gebieten. Kulturelle Unterschiede zwischen den Ländern sind hier oft nicht so groß wie zwischen Land und Stadt, und der Gebrauch der Güter ist in fast allen Ländern identisch.

Im Gegensatz dazu verlangen kulturgebundene Konsumgüter nach einem hohen Anpassungsgrad. Zu den Culture-bond-Produkten zählen vor allem Kosmetika, Essen und Getränke sowie pharmazeutische Güter.[156]

Vor allem wenn ein geringer Ähnlichkeitsgrad zwischen Home- und Host-Kultur wie in China besteht, müssen zahlreiche Komponenten auf die jeweilige Kultur abgestimmt werden. Vereinzelt finden sich indes auch Ausnahmen, die mit einer universellen Strategie auf unterschiedlichen Märkten erfolgreich sein können. Dies beschränkt sich allerdings auf Produkte, die einen universellen Markennamen benutzen, nur begrenzte Produktkenntnisse für den Gebrauch verlangen und bei denen die Werbung nicht für die Vermittlung von Informationen genutzt werden muss.[157]

Nachstehende Abbildung 10 gewährt einen Überblick über die Produktgruppen, die nach einer Studie von Boddewyn Culture-Free hin zu Culture-Bond sind. Dies ist ein allgemeines Cluster, in dem sich je nach Länderzielmarkt einige Änderungen ergeben können, da die Konsumenten andere Präferenzen aufweisen.

---

[156] Vgl. Kim/Mauborgne, (1987)

[157] Vgl. Zhang (1995), S. 53.

Kulturabhängigkeit	Branche
Culture free	Computer Hardware
	Airlines
	Fotografische Ausrüstung
	Schwermaschinen
	Werkzeugmaschinen
	Verbraucherelektronik
	Computer Software
High Touch/ High Interst	Langlebige Haushaltsgüter
	Eisenwaren
	Weine & Spirituosen
	Soft Drinks
	Tabakwaren
	Papierwaren
	Kosmetika
Culture Bond	Bier
	Haushaltsreinigungsmittel
	Toilettenartikel
	Verlagsprodukte
	Food - Produkte
	Süßigkeiten
	Textilien

Abbildung 10: Standardisierbarkeit bestimmter Produktgruppe
Quelle: Vgl. in Anlehnung an Meffert/Bolz (1998), S. 183 f.

Die Ausweitung des Produktsortiments auf einen weiteren Ländermarkt resultiert meist aus dem nationalen Erfolg des Produktes. Hat sich ein Unternehmen entschieden, den chinesischen Markt ins Portfolio aufzunehmen, existieren zwei verschiedene Vorgehensweisen, um auf dem Markt aktiv zu werden.

Bei der Diversifikationsstrategie wird das Produkt auf allen Auslandsmärkten gleichzeitig angeboten. Diese Taktik birgt Risiken und wird daher nur angewendet, wenn das Unternehmen sehr hohe Produktionskapazitäten aufweist, der Auslandsmarkt einen vergleichbaren Entwicklungsstand zeigt und die Markteintrittskosten niedrig sind. Die Kooperationsstrategie hingegen ist risikoavers. Die Produkte werden zeitlich gestaffelt auf den jeweiligen Ländermärkten offeriert. Informationen, die mitunter von Nutzen für andere Märkte sind, können in der Strategie verarbeitet werden. Vor allem bei komplexen und erklärungsbedürftigen Produkten wird diese Vorgehensweise herangezogen.

5.1.2 Gestaltung des Markennamens

Eine Marke als komplexes Set von Symbolen repräsentiert ein Qualitätszeichen einer Unternehmung. Sie ruft durch eine stetig gewachsene kognitive Verknüpfung Assoziationen hervor, die beim Konsumenten die

Imagebildung prägen. Das Ziel einer starken Marke muss darin bestehen, durch einen gut ausgewählten Markennamen das Image der Marke zu steigern und sich von anderen Unternehmen und Marken abzuheben.

Für Unternehmen, die sich dafür entscheiden, auf fremden Märkten aktiv zu werden, liegt die Herausforderung im Bereich der Markengestaltung und in der Wahl der Strategie. Auch hier stellt sich die Frage der Standardisierung oder der Anpassung der Marke auf die lokale Umgebung. Studien, die sich mit diesem Thema befasst haben, weisen darauf hin, dass sich immer häufiger nationale Marken zu globalen entwickeln. Demzufolge könnte man Unternehmen empfehlen, einen standardisierten Markenauftritt zu wählen. Doch die Forschungen haben sich meist auf Unternehmen mit gleichem oder zumindest ähnlichem kulturellem sowie linguistischen Hintergrund konzentriert. Divergenzen zwischen den einzelnen Ländern traten daher nicht so stark hervor. Möchten Unternehmen jedoch Märkte durchdringen, die sich stark vom eigenen Kulturkreis unterscheiden, haben plötzlich Faktoren einen Einfluss, die sonst kaum von Bedeutung sind.[158]

So besitzt China ein vollständig anderes Sprach- und Schriftsystem. Es besteht aus über 50.000 Schriftzeichen, von denen ca. 3000 im täglichen Sprachgebrauch zu finden sind. Wichtig ist dabei die Betonung einzelner Silben, die dem Wort einen unterschiedlichen Sinn beimessen können. Da jedes Schriftzeichen eine eigene Bedeutung aufweist, lassen sich Fremdwörter oder Eigennamen (Markennamen) nicht einfach ins Chinesische übersetzen.[159]

Rund 10 % der Firmen entscheiden sich dafür, den Markennamen nicht anzupassen und – wie bereits erwähnt – als globale Marke aufzutreten. Vor allem Luxusgüterartikel sprechen damit ein internationales Zielpublikum an. Die Produktsprache ist daher fast ausschließlich Englisch. Zur schwächsten Form der Anpassung gehört die Übertragung von Sinn und Wortlaut ins Chinesische. Zu diesem Zweck wird zunächst eine Silbe ausgewählt, die den Marken- oder Produktnamen klanglich widerspiegelt. Im zweiten Schritt wird ein Schriftzeichen gewählt, das der Marke eine positive Bedeutung beimisst. Dadurch, dass der Gestaltungsspielraum im Chinesischen begrenzt ist, kann dies auch eine vollkommen andere sein als im Ursprungsland. Bewährt haben sich wie überall auf der Welt kurze und prägnante Klänge, die der potenzielle Konsument der Marke relativ

---

158 Vgl. Francis et Al. (2002)

159 http://www.bluemoon.de/lexikon/werbung-in-china/; http://www.wdr.de/themen/wirtschaft/ 3/markennamen_ausland/index.jhtml.

einfach und schnell zuordnen kann. Dadurch bleibt der Name länger im Gedächtnis haften. So hat der Getränkehersteller Coca Cola im Chinesischen den Wortklang „ke kou ke le", was der Marke die Attribute „wohlschmeckend und erfrischend" zuordnet. Konkurrent Pepsi hingegen weist mit „bai shi ke le" auf den „allwissenden Menschen" hin. Siemens, „si men zi", präsentiert sich als „Tor des Westens".[160]

Spielt die Bedeutung der Marke für das Unternehmen keine übergeordnete Rolle, bietet sich die reine Übersetzung der Aussprache an. Dabei steht die Schaffung eines einheitlichen Klangnamens über die nationalen Grenzen hinweg im Vordergrund der Interessen. Die Widererkennung soll damit weltweit gesteigert werden. Die Schriftzeichen werden allein nach Sprachgebrauch ausgewählt. Boing nennt sich beispielsweise „bo yin" und Disney „di si ni". Schwierigkeiten können auftreten, wenn der Name im Mandarin und Kantonchinesisch gleich klingen soll, denn obwohl beide Sprachen verwandt sind, kann die Aussprache der Wörter unterschiedlich sein.[161]

Die stärkste Form der Anpassung findet statt, wenn der Markenname vollständig transliteriert wird. Dabei wird dieser buchstabengetreu ins Chinesische übersetzt. Volkswagen verkörpert in China mit „zhong giche" das Massenfahrzeug – in diesem Fall eine sicherlich sinnvolle Wahl, da eine starke Verknüpfung zwischen Programmstrategie und Markennamen besteht. „wei ruan" („Mikrosoftware") spiegelt den Namen Microsoft wider. Auch hier weist der übersetzte Markenname auf die Produkteigenschaften hin.[162]

Die Transliteration sowie die damit verbundene Anpassung des Markennamens werden von den Unternehmen am häufigsten gewählt. Dadurch, dass sich China im Schrift- und Lautsystem so stark von westlichen Ländern abhebt, erweist es sich als problematisch, Markennamen zu finden, die phonetisch, aber auch inhaltlich mit der Ursprungsmarke übereinstimmen. Der Wiedererkennungswert von Unternehmen und Produkten beschränkt sich aus diesem Grund häufig auf den gleichen Kulturkreis. Das Ziel bei der Ausarbeitung neuer Marken muss darin bestehen, einen Markennamen zu finden, der nicht nur klanglich, sondern auch inhaltlich über die Märkte hinweg Bestand hat. Doch eine Anpassung an die chinesischen Besonderheiten muss für die Unternehmen nicht immer von

[160] Vgl. Francis et al. (2002), Vgl. Wang (1996), S 131 ; 166.
[161] Vgl. ebd..
[162] Vgl. Francis et al. (2002), Vgl. Wang (1996), S 134-135.

Nachteil sein. So lässt das Sprachsystem es etwa zu, der Marke mehr Attribute zuzuordnen, was die Bildung positiver Assoziationen unterstützt.[163]

5.2 Internationale Kontrahierungspolitik

5.2.1 Preispolitik

Die Preisstrategie eines Unternehmens wird durch unternehmensinterne sowie -externe Faktoren determiniert. So müssen Kosten für das Marketing sowie Verwaltungskosten bei der Preisfindung Berücksichtigung finden. Die externen Kosten können je nach Zielland stark unterschiedlich sein. So weist China bspw. deutlich geringere Lohnkosten auf als westliche Länder. Dieser Umstand kommt allerdings nur den Unternehmen zugute, die zumindest einen Teil der Produkte bzw. Produktkomponenten dort fertigen lassen oder die stark serviceorientiert sind.

Die Preispolitik kann sich an den Konsumenten des Marktes oder aber an der Konkurrenz auf selbigen konzentrieren. Im Bereich der nachfrageorientierten Preispolitik stellt sich die Frage, wie viel die Verbraucher für das jeweilige Produkt zu zahlen bereit sind. Der Preis fungiert dann als Indikator für die Wertvorstellung des Kunden. Nimmt das Produkt in der Rangordnung des Verbrauchers einen hohen Stellenwert ein, so ist er zur Zahlung eines höheren Preises gewillt, da er diesen auch für gerechtfertigt hält. Für Unternehmen besteht die Problematik darin, aktuelle Informationen von den Verbrauchern zu erhalten.

Daneben besteht die konkurrenzbezogene Preisbestimmung. In diesem Kontext ist das Preisverhalten der Wettbewerber ausschlaggebend für die Festsetzung der Produktpreise. Defensives Preisverhalten zeigt sich in der Anpassung oder dem Überbieten der Konkurrenzpreise. Bei einer aggressiven Strategie hingegen wird die Konkurrenz unterboten.[164]

Ausländische Unternehmen in China profitierten bis Mitte der 90er-Jahre davon, dass sie den Markt mit neuen Produkten bearbeiteten. Daher hatten viele MNCs bis zum damaligen Zeitpunkt hohe Marktanteile erzielt. Doch viele MNCs forcierten anschließend nur das Hochpreissegment und vernachlässigten den Mid-End- und Low-End-Bereich. Aufgrund der doch deutlich höheren Preise in fast allen Konsumgütersparten war der Großteil der Chinesen vom Konsum ausgeschlossen. Doch mittlerweile sind die chinesischen Hersteller an den ausländischen Unternehmen in Bezug auf

---

[163] Vgl. ebd., Vgl. Wang (1996), S 134

[164] Vgl. Meffert/Bolz (1998), S. 231 ff.; Berndt et al. (2003), S. 208.

Profit und Marktanteile vorbeigezogen. Vor allem im Bereich der elektronischen Haushaltsgeräte konnten sie einen enormen Zuwachs erzielen, was unter anderem auf die Preisempfindlichkeit chinesischer Konsumenten zurückzuführen ist.[165]

Die Preispolitik der ausländischen Unternehmen ist demnach eher konsumentenorientiert. Dabei ist allerdings nur die Gruppe der überdurchschnittlich verdienenden urbanen Chinesen interessant. Durch die Beibehaltung der Hochpreisstrategie können Wachstumspotenziale in den anderen Segmenten nicht genutzt werden. Die lokalen Wettbewerber reduzieren die Preise teilweise um 50 %. Auf diese Weise machen sie die Waren der breiten Massen zugänglich. Für einige ausländische Premiumanbieter werden die chinesischen Hersteller auch im High-End-Bereich gefährlich. Höhere Margen erzielt etwa ein inländischer Fabrikant, der bis dahin auf Farbfernseher spezialisiert war und nun auch Plasmabildschirme fertigt. Innerhalb von drei Jahren und durch zahlreiche Preissenkungen war es ihm möglich, einen enormen Marktanteil in diesem höheren Preissegment zu erlangen. Es bleibt abzuwarten, welchen Einfluss die Qualitätsansprüche der chinesischen Verbraucher bei der zukünftigen Preisfindung nehmen werden. Auch wenn die chinesischen Produzenten in den vergangenen Jahren ihre Standards erhöhen konnten, so sind sie doch bei vielen Produkten noch sehr weit vom Niveau ausländischer Anbieter entfernt. Momentan spielt Qualität beim Produktkauf, anders als der Preis, eine untergeordnete Komponente. Bis die Produktgüte in China ebenso wichtig ist wie in westlichen Ländern, müssen die Unternehmen ihre Vorgehensweise bei der Marktbearbeitung überdenken. Sicherlich ist nicht jedes Unternehmen geeignet, auch im Low-End-Bereich tätig zu werden. Doch zahlreiche ausländische MNCs können dort erfolgreich sein, wenn sie ihre Preise an denen der Konkurrenz ausrichten. Durch den Preiskampf konsolidiert sich der Markt und schwächere, vor allem kleine Unternehmen, scheiden aus dem Markt aus. Eine weitere Alternative kann die Konzentration auf neue und innovative Produkte darstellen. So hat z. B. Motorola die Entwicklungszeit neuer Geräte von bis zu 24 Monate auf sechs Monate reduziert.[166]

Sicherlich ist dies nur möglich, wenn die Kostenstruktur Preisanpassungen sowie Investitionen in Forschung und Entwicklung zulassen. Für Unternehmen, die zu hohe Kosten importieren, wird es schwierig sein, zur inländischen Konkurrenz in Wettbewerb zu treten. Durch Lokalisierung

---

[165] Vgl. Chen (2004), Batra (1997)

[166] Vgl. Chen (2004). S. 48.

einzelner Produktkomponenten lassen sich die Kosten indes senken und die Endverbraucherpreise reduzieren.

5.2.2 Servicepolitik

Die Servicepolitik umfasst sämtliche Nebenleistungen des Verkaufs. Dazu zählen nicht nur verkaufsvorbereitende Leistungen, wie die Information und Beratung potenzieller Kunden, sondern gleichermaßen nachbereitende Serviceleistungen. Dazu gehören die Zustellung und Installation der Produkte, notwendige Reparaturen und Garantiedienste.[167]

Die Tiefe der Serviceleistungen steht in Abhängigkeit zur jeweiligen Unternehmensstrategie. So bieten Firmen, die im Low-Cost-Bereich aktiv sind, für gewöhnlich weniger Service an als Unternehmen aus dem High-Cost-Bereich. Deutlich wird, dass die Servicekomponente eine sehr kostenintensive Dienstleistung des Unternehmens verkörpert. Kompetentes Fachwissen in Form engagierter Fachkräfte ist wesentlich teurer als die Ausstellung von Produktbroschüren im Verkaufsraum.[168]

Für Unternehmen, die ihre Produkte in China anbieten, stellt sich die Frage, ob sie Serviceleistungen selbst anbieten und durchführen oder mit chinesischen Firmen zusammenarbeiten. Zwischen inländischen und ausländischen Unternehmen werden strategische Partnerschaften geschlossen. Der ortsansässige Partner führt in diesem Fall alle Serviceleistungen im Namen der Firma durch. Eine andere Variante stellt die Beauftragung unabhängiger Unternehmen durch das ausländische Unternehmen dar. Wird die Betreuung der Konsumenten durch die inländischen Partner vorgenommen, so liegt die Schwierigkeit darin, Unternehmen zu finden, die den Ansprüchen genügen und das ausländische Unternehmen adäquat vertreten. Für den Konsumenten ist oftmals nicht klar, von wem welche Leistungen erbracht werden. Er erkennt lediglich ein Unternehmen, und negative Erfahrungen werten das Firmenimage ab.[169]

Die Erbringung von Serviceleistungen in China erwies sich vor allem für ausländische Unternehmen als von untergeordneter Bedeutung. Gleichwohl ist mittlerweile zu beobachten, dass der chinesische Konsument in der Auswahl der Produkte wählerischer wird. Ein guter Service bietet Unternehmen eine Möglichkeit der Abgrenzung. Je nach Produktgruppe wird die Erbringung von Verkaufsnebendienstleistungen die Vorausset-

---

167 Vgl. Berndt et al. (2003), S. 204.
168 Vgl. ebd.
169 Vgl. o. V.(2000), S. 64; Ho (???), S. 66 f.

zung sein, um langfristig dem wachsenden Anspruch der Konsumenten zu genügen. Dabei muss der Service bestimmten Qualitätsansprüchen genügen. So müssen beispielsweise Produktinformation auch in Chinesisch erhältlich sein. Einige Unternehmen bedienten den Markt bisher nur mit universellen englischsprachigen Broschüren. Während es für westliche Konsumenten durchaus möglich ist, die englische Produktinformationen vor allem im Segment der High-Technology-Produkte (weltweit gültige Begriffe) zu verstehen, sind die Möglichkeiten für chinesische Konsumenten aufgrund des unterschiedlichen Sprachsystem deutlich begrenzt.[170]

5.3 Distributionspolitik in China

Die Distribution von Waren bildete für zahlreiche ausländische Unternehmen eine große Hürde. Bis Ende 2004 war ausländischen Unternehmen nicht gestattet, Waren direkt und eigenständig zu vertreiben. Nach dem bis dahin geltenden Gesetz von 1994 erhielten lediglich ausgewählte Unternehmen, die einen entsprechenden Jahresumsatz aufwiesen, die Möglichkeit, Produkte eigenständig zu vertreiben. Der Großteil war allerdings gezwungen, mit chinesischen Handelspartnern zu kooperieren, d. h. etwa Joint Ventures zu schließen.[171]

Handelsbeziehungen konnten demnach nur mit speziell lizenzierten Handelspartnern eingegangen werden. Die Vergabe der Lizenzen war häufig an die enge Zusammenarbeit mit den staatlichen Autoritäten gebunden, die im Wesentlichen als Großhändler auftraten. Der Vertrieb der Produkte erfolgte für gewöhnlich zunächst an die staatlich übergeordneten Distributoren, welche die Umverteilung auf die provinziellen Anbieter vornahmen, die dann ihrerseits die Waren auf die lokalen Einzelhändler verteilten. Nicht nur, dass dieses System langwierig und intransparent war, es verursachte auch enorme Kosten für die ausländischen Unternehmen, denn jede Zwischenstation im Vertrieb eines Produktes ist mit einem Kostenaufschlag von 5-7 % des Produktpreises zu veranschlagen.[172]

Als Folge des WTO-Beitritts im November 2001 wurde klar, dass dieses System und die Bedingungen einer Mitgliedschaft nicht von Dauer sein konnten. Der interne Protektionismus auch im Bereich der Distribution stellte für viele Unternehmen ein nur schwer zu überwindendes Hindernis dar. Eine grundlegende Änderung des Gesetzes zum Dezember 2004 sollte diesen Missstand beseitigen und die Gleichstellung inländischer und

170 Vgl. ebd.
171 Vgl. Leach (2004), S. 13; Yang Bosco (2004), S. 14; Powers (2001), S. 8 f.
172 Vgl. Leach (2004), S. 14.

ausländischer Produzenten und Händler vorantreiben. Demnach ist es ausländischen Unternehmen gestattet, den Vertrieb ihrer entweder in China produzierten oder aber der aus dem Ausland importierten Waren selbstständig, d. h. ohne Zusammenarbeit mit chinesischen Partner, vorzunehmen.[173]

Für ausländische Unternehmen brachte diese Gesetzesänderung grundlegende Veränderungen. Es ist ihnen nun nicht nur gestattet, sich als Groß- oder Einzelhändler zu etablieren bzw. Franchisegesellschaften zu betreiben, für sie ist nun auch der Bereich aller distributionsverbundenen Dienstleistungen geöffnet. Dies umfasst Serviceleistungen auf dem Gebiet des Lagerwesens, der Lieferung, Wartung, Reparatur, der Werbung oder im Marketing.[174]

Vertrieben werden dürfen nicht nur Produkte, die von den Unternehmen in China produziert wurden, sondern auch Waren, die bspw. vom Mutterkonzern stammen. Einzelhändlern ist es zudem erlaubt, Waren zum Selbstverkauf eigenständig zu importieren oder inländische Güter zum Zwecke des Exports eigenständig zu beschaffen. Die bis zu diesem Zeitpunkt geltenden geografischen Beschränkungen auf die Lizenzen wurden ebenfalls aufgehoben, sodass eine einmal erteilte Erlaubnis sich auf das gesamte Wirtschaftsgebiet der Volksrepublik China erstreckt.[175]

Die infrastrukturellen Probleme erstrecken sich nicht lediglich auf das eigentliche Handelssystem, sondern auch auf die Qualität der Verkehrswege. Das logistische Netzwerk außerhalb der großen Städte ist weiterhin dürftig. Für viele ausländische Produzenten und Importeure bleibt es schwierig, ihre Waren im Hinterland zu vertreiben. Der Aufschlag der Transportkosten auf den Produktpreis führt dazu, dass vor allem ausländische Produkte in den ländlichen Regionen und kleinen Städten unerschwinglich werden. Die meisten ausländischen Transportunternehmen, die sich bisher auf dem chinesischen Markt präsentieren, bedienen nur die urbanen Gebiete. Unternehmen müssen sich daher auf die Zusammenarbeit mit lokalen Anbietern konzentrieren, wenn sie eine breitere Konsumentengruppe erreichen wollen.[176]

---

173 Vgl. Yang Bosco (2004), S. 14.

174 Vgl. Powers (2001), S. 9.

175 Vgl. Yang Bosco (2004), S. 15 f.

176 Vgl. Jagersma/van Gorp (2003), S. 31; Grant (2004), S. 24.

5.4 Kommunikationspolitik

5.4.1 Problemfelder in Werbegestaltung

Zu der Zeit der Kulturrevolution wurde Werbung von der Regierung als kapitalistisches Element betrachtet. Dementsprechend ist es nicht verwunderlich, dass in diesem Zeitraum praktisch keine kommerzielle Werbung in der Volksrepublik existierte. Erst durch die Open-door-Politik war die Entwicklung eines Werbemarktes möglich. Doch von Anfang an unterlag dieser starken Beschränkungen. Mit der Verabschiedung des Werbegesetzes von 1995 wurde dieser Bereich allerdings liberalisiert, grundsätzlich Rahmenbedingungen haben indes immer noch Bestand. Werbung inländischer wie ausländischer Unternehmen muss ein Hauptkriterium erfüllen, um zugelassen zu werden. Demnach darf die Werbung die Interessen sowie die Würde des Staates nicht verletzen.[177]

Das erfolgreiche Bewerben von Produkten ist in der Volksrepublik China für ausländische Unternehmen mit zahlreichen Hindernissen verbunden. Die Vorteile einer standardisierten Werbestrategie mit einheitlichen Testemonials (Werbestars) liegen nicht allein in der möglichen Kostenersparnis, sondern zugleich in der Chance, ein globales Markenimage zu kreieren. Geeignet sind dafür aber ausschließlich Produkte, die universelle, länderübergreifende Wünsche erfüllen. Aber selbst dann ist das Werben in einem anderen kulturellen Lebenskreis mit besonderen Herausforderungen verbunden, worauf zu einem späteren Zeitpunkt noch detailliert eingegangen wird. Eine adaptierte Strategie ist hingegen zu empfehlen, wenn kulturelle Differenzen im Gebrauch der Produkte oder aber ein gegensätzlicher Geschmack den Einsatz einer globalen Kampagne verhindern. Doch neben sozialen und kulturellen Aspekten gilt es besonders in einer Transitional Economy wie China die Werbung an spezielle staatliche Reglementarien anzupassen, um eine Zensierung der Kampagne zu vermeiden.[178]

Vor allem in bestimmten Produktkategorien, wie z. B. im Bereich Alkohol, Zigaretten und Hygieneprodukte, beeinflussen die staatlichen Vorgabe die Werbegestaltung. Gänzlich verboten ist in China nach wie vor Werbung mit nackten bzw. entblößten Personen, was beispielsweise in Deutschland keine Seltenheit mehr ist. Jedes Konzept wird letztlich von der State Administration of Industry & Commerce geprüft. Als Teil des Werbegesetzes ist die Bewerbung von Zigaretten in China verboten. Pa-

---

[177] Vgl. Bennett (1998), S. 191; Taylor/Raymond (2000), S. 293.

[178] Vgl. ebd., S. 287 f. Wang (1996), S. 40-41.

radoxerweise repräsentiert China den größten Zigarettenmarkt der Welt. Es gibt fast 350 Millionen Raucher, die durchschnittlich 16 Zigaretten am Tag konsumieren. Die staatliche Tabakbehörde arrangiert die Importe und legt die Produktionsquote fest. Die Festlegung der Einheitspreise fällt ebenso in ihren Zuständigkeitsbereich.

Die Durchsetzung des strikten Werbeverbots wird von den einzelnen Regionen unterschiedlich stark forciert. In einigen Gebieten findet sich Anzeigenwerbung von Zigarettenherstellern, in anderen wiederum werden die staatlichen Vorgaben eingehalten. Zwangsläufig bedienen sich die Tabakkonzerne immer häufiger anderer Werbeformen als der ursprünglichen Mediawerbung. So werden die Produkte in Promotionaktionen dem Publikum direkt in Bars und Diskotheken vorgestellt. Konzerne bedienen sich auch Gewinnspielen, um ihr Zielpublikum zu begeistern.

Des Weiteren wird immer häufiger Sponsoring genutzt, um das Werbeverbot zu umgehen. So heißt z. B. die 1. Liga im chinesischen Fußball „Malboro-Liga". Aber auch im Basketball und im Automotorsport sind Tabakkonzerne aktiv.

Die Bewerbung alkoholhaltiger Getränke ist grundsätzlich gestattet. Vor allem ausländische Unternehmen konnten auf diesem Markt stark wachsen. Mittlerweile bildet China nach den USA den größten Absatzmarkt für Bier. Die einzige Beschränkung liegt im Bereich der Spirituosenwerbung. Getränke mit einem Alkoholanteil von über 40 % dürfen nicht per TV beworben werden. Demnach greifen für Anbieter alkoholischer Produkte nur generelle staatliche Vorgaben, wie das Verbot von Superlativen, von Vergleichen und nationalen Symbolen.[179]

Pharmazeutische Produkte unterliegen ebenfalls strengen Vorgaben. So müssen sämtliche Werbebotschaften mit empirischen Daten belegt werden, die von staatlichen Einrichtungen anerkannt werden. Anzeigen, die sich Namen medizinischer Einrichtungen bedienen oder aber mit medizinischen Experten werben, werden nicht gern gesehen. Anzeigen und Fernsehspots sollten sehr sachlich gehalten sein – die Funktion des Präparats muss im Mittelpunkt stehen, nicht etwa emotionale Aspekte.

Werbung für Kondome ist im Gegensatz zu anderen Transitional Economies in China nicht verboten. Da die Überbevölkerung immer noch ein zentrales Thema in der Politik repräsentiert, ist die staatliche Kommission zur Familienplanung bemüht, den Verkauf von Verhütungsmitteln zu unterstützen.

---

[179] Vgl. ebd., S. 294.

Während westliche Werbung vorher nicht vorhandene Wünsche weckt und den potenziellen Konsumenten mit aufregenden Werbebotschaften verführt, reduziert sich die Werbung in China nicht zuletzt aufgrund der politischen Rahmenbedingungen auf das Plakatieren von Mitteilungen. Häufig wird das Produkt rein sachlich beschrieben, die Vorteile werden in langen Aufzählungen abgehandelt. Gänzlich gegensätzlich zu westlichen Kampagnen bleiben Emotionen oftmals außer Acht.[180]

Neben der Einhaltung politischer Rahmenbedingungen gilt es ferner, die Komplexität der Region zu verstehen. Kulturelle Einflüssen prägen nicht nur die Lebenseinstellung, sondern auch die Einstellung zu bestimmten Produkten und Marken. Dabei bevorzugen durch Traditionen geprägte Länder Werbung, die eher konservativ ist und nicht zu modern. Unternehmen, die diese Tatsache nicht berücksichtigen, werden von der Zielgruppe nicht akzeptiert.

Dies musste auch der Sportartikelhersteller Nike erfahren. 2004 wurde ein Spot mit dem amerikanischen Basketballspieler LeBron James vom Publikum äußerst kritisch beurteilt Im Spot gewinnt der Sportler den Kampf gegen einen alten Kung-Fu-Meister und mehrere Drachen. Diese haben in China jedoch eine besondere Symbolik. Der von vielen Chinesen als unseriös empfundene Umgang mit ihren kulturellen Werten und Traditionen haben letzten Endes zum Absetzen des Spots durch die Radio-, Film- und TV Behörde geführt.[181]

---

180 http://www.bluemoon.de/lexikon/werbung-in-china/.

181 http://www.pressetext.de/pte.mc?pte=041207056

Abbildung 11: Werbung Nike 2004
Quelle: Vgl. http://www.international.ucla.edu/cms/images/nike%20lebron.JPG

Es ist offensichtlich, dass Werben in China nicht bedeutet, westliche Schemata zu übernehmen. Der in vielen Punkten sehr konservativen Kultur muss ebenfalls durch die Werbekonzepte Rechnung getragen werden. Die kulturellen Werte im Werbekontext übermitteln Botschaften, welche die Motivation eines Konsumenten, seinen Lebensstil sowie seine Produktauswahl beeinflussen. Nach einer Studie von Cheng & Schweitzer bilden Familie, Technologie und Tradition die dominanten Werte in der chinesischen Werbung. Im Gegensatz dazu überwiegen bspw. in der amerikanischen Werbewelt der Individualismus, Vergnügen und Wirtschaftlichkeit. Inhalte, die auf Modernität und Jugendlichkeit verweisen, werden in beiden Kulturkreisen gleichermaßen häufig verwendet.[182]

Die Familie verkörpert in China ein sehr hohes Gut. Demnach wird eine enge und harmonische Familienbeziehung als äußerst wichtig empfunden. Die Tradition als weiteres wirksames Werbethema ist auf die lange Geschichte Chinas zurückzuführen. Auch die kommunistischen Führer haben sich der Tradition bedient, um ihre sozialistischen Botschaften zu kommunizieren. Modernität als weiteres zentrales Thema reflektiert zum einen die bisherige Entwicklung des Landes seit der Liberalisierung. Zum anderen spiegelt dieser Wert die grundlegende Mentalität vor allem urbaner Chinesen zum Fortschritt wider. Technologie ist demnach stark mit dem Attribut „modern" verbunden.[183]

---

182 Vgl. Cheng/Schweitzer (1996), S. 36 ff.
183 Vgl. ebd., S. 37.

Es existiert ein großer Zusammenhang zwischen Inhalt und Produktkategorie. Demnach werden mit dem Attribut „Traditionalität" vor allem Nahrungsmittel und Getränke sowie pharmazeutische Produkte beworben. Bei Autos, Haushaltsgeräten und Kleidung steht eher der Wert „Modernität" im Vordergrund. Häufig handelt es sich dabei um importierte Produkte, deren Werbekonzept in Zusammenarbeit mit vorwiegend transnationalen Agenturen erarbeitet wird. Festzustellen ist, dass die chinesische Reklame sicher verstärkt auf ursprüngliche in der Kultur verankerte Werte konzentriert. Werben in China bedeutet demnach nicht die einfache Übertragung westlicher Konzepte auf den chinesischen Konsumenten.[184]

5.4.2 Internationale Markenpositionierung durch Werbung

Neben der formalen Gestaltung von Kampagnen ist es für ausländische Unternehmen wichtig, sich darüber im Klaren zu sein, welches Image ihre Marke bzw. ihr Produkt transportieren soll.

In diesen Zusammenhang kann man die Marke als globale, lokale oder fremde Marke in der Konsumentenkultur positionieren. Die lokale Darstellungsweise wird gewählt, wenn die Marke mit der lokalen Kultur assoziiert werden soll. Die auf dieses Gebiet begrenzten kulturellen Normen und Werte sollen durch die Werbung auf das Produkt transferiert werden. Im Gegensatz dazu wird beim Foreign Consumer Culture Positioning die Marke bewusst als etwas Fremdes und Exotisches dargestellt. Im Bereich der Werbung wird dabei häufig mit landestypischen Stereotypen und Symbolen gearbeitet. Bewusst werden Motive benutzt, die auf die Zielkultur fremd wirken. Unternehmen, die sich für einen weltweit einheitlichen Markenauftritt entscheiden, stellen für die Konsumenten den Faktor „Globalität" in den Vordergrund. Dabei wird davon ausgegangen, dass es weltweit einheitliche Zielgruppen gibt, die sich über regionale Grenzen hinweg miteinander identifizieren. Die lokale Anpassung des Images wie auch der Werbung ist daher nicht notwendig. Vor allem im Bereich der Produktgruppen, die allgemein als modern und weltoffen gelten, ist diese Wahl des Markenauftritts beliebt. Dazu gehören u. a. Hightech-Artikel, wie Mobiltelefone, Laptops oder Flachbildschirme.[185]

Natürlich existieren länderspezifische Abhängigkeiten in der Wahl eines globalen, fremden oder lokalen Werbeimages. In einer Studie von Alden, Steenkamp und Batra wurden einzelne Ländermärkte bezüglich der kulturellen Positionierung in der Werbung untersucht. Der amerikanische

---

184 Vgl. ebd., S. 39 f.

185 Vgl. Alden et al. (1999), S. 75 ff.

Markt ist stark lokal geprägt, während bspw. in den Niederlanden im Vergleich zu den anderen Ländern übermäßig häufig die Marke als fremd positioniert wird. Die globale Ausrichtung in der Werbung wird vermehrt in Thailand und Deutschland gewählt. Anders als es sich zunächst vermuten lässt, ist dabei kein eindeutiger Trend zu einer Positionierung zwischen den westlichen Ländern und Asien zu erkennen. In allen Ländern wird die lokale der globalen Positionierung vorgezogen. Eher seltener ist eine Werbung mit der die Fremdartigkeit des Produktes beworben wird.

Werbung an sich besteht aus drei Hauptkomponenten, die in ihrer Gesamtheit das kulturelle Set aus Sprache, Ästhetik und Thematik bilden. Dabei spiegelt das Englische heute vielmehr als nur die Sprachkomponente wider. Als Businesssprache, Sprache der Medien und des Internets verkörpert das Englische zugleich eine internationale Modernität. Dabei rückt die eigentliche Bedeutung der Werbeclaims aufgrund des Mangels an adäquatem Sprachverständnis oftmals in den Hintergrund.

Im Bereich der Ästhetik wird häufig mit den kulturellen Stereotypen gespielt. Ist es Ziel, die Marke als lokal zu positionieren, so wird bspw. in einer Anzeige für ein ausländisches Auto ein chinesischer Mann gezeigt, der sich durch die Straßen von Peking bewegt. Im Gegensatz dazu wird im Bereich der Foreign Consumer Culture Positioning ein „typisch deutscher" Ingenieur präsentiert, der über die Vorzüge des aus Deutschland stämmigen Autos berichtet.[186]

Ebenso in den Bereich der Ästhetik fällt die Gestaltung von Logos. Besonders Unternehmen, die international agieren und ein globales Image repräsentiere wollen, verwenden Markenzeichen, die keiner einzelnen Region oder keinem spezifischen Land zuzuordnen sind. Dazu gehören bspw. das Windowszeichen von Microsoft, die Muschel von Shell oder aber auch der Stern von Mercedes. Anders hingegen Cathay Pacific, die ihr Logo in chinesischer Kalligrafie („Flügel eines Vogels") dargestellt haben und den Fokus stark lokal ausrichten.

Die dritte Dimension bilden die Themeninhalte. Je nach Auswahl ist es für den Konsumenten leichter oder schwieriger, eine bestimmte Kultur mit dem Produkt zu identifizieren. Im Bereich der globalen Konsumentenkultur sind häufig Personen zu beobachten, die ein und dasselbe Produkt an mehreren Standorten benutzen. Der potenzielle Konsument soll sich als Teil einer Weltkultur verstehen. Im Kontrast dazu würde der Werbespot

[186] Vgl. ebd., S. 77.

von Milka, der eine Alpenlandschaft und eine lila Kuh zeigt, beim chinesischen Publikum eindeutig ein Gefühl von Fremdartigkeit auslösen.[187]

In weniger entwickelten Märkten kann die Kommunikation von Globalität erfolgreicher sein als die von Lokalität. Vor allem im Bereich von Luxusartikeln kann man von einer überregionalen Zielgruppe ausgehen, die fremde Waren konsumiert, um den erreichten Status zu präsentieren.

Unternehmen müssen sich allerdings nicht zwangsläufig auf eine Strategie festlegen. In zahlreichen Kampagnen ist eine Mischung der Elemente zu beobachten. Möglich ist die Kombination z. B. fremder und globaler Elemente, aber nur dann, wenn die stilistischen Mittel konsequent zum Einsatz kommen. Ein stetiger Wechsel zwischen globaler, lokaler und fremder Kultur würde den Konsumenten auf die Dauer verwirren und kein einheitliches Markenimage erzeugen.[188]

Neben der klaren Produktpositionierung spielen ferner stilistisch-formale Kriterien beim Marken- und Werbeauftritt eine Rolle. In Zeiten eines einheitlichen Corporate Design, das den internationalen Wiedererkennungswert steigern soll, scheint es schwierig, lokale Anpassungen vorzunehmen. Doch vor allem bei der Farbgestaltung von Anzeigen und Werbespots muss die kulturelle Bedeutung einzelner Farben berücksichtigt werden. Farben haben in China fast immer eine symbolische Bedeutung. Im Kontrast zum Westen stellt z. B. Weiß die Farbe der Trauer dar. Rot hingegen symbolisiert im Chinesischen Glück und Reichtum. Auch wenn Rot zudem die Farbe der kommunistischen Regierung verkörpert, ist sie beim Volk sehr beliebt. Gelb war die symbolträchtigste Farbe der chinesischen Kaiser im alten China. Als schönste Farbe verkörperte sie die Freiheit von weltlichen Sorgen sowie Neutralität. Deshalb ist sie vor allem im Buddhismus sehr geschätzt.[189]

---

187 Vgl. ebd., S. 75 ff.

188 Vgl. ebd.; o. V (2007), S. 20.

189 Zinzius (1996), S.143.

6 Nordamerikanische Unternehmen in China – Erfolg oder Misserfolg?

6.1 Das Engagement von Procter & Gamble in der Volksrepublik China

6.1.1 Das Unternehmen in Zahlen

Gegründet wurde das Unternehmen durch den aus England stammenden Kerzenzieher William Procter und dem irischen Seifensiedler James Gamble 1837 in Cincinnati. In der 170-jährigen Firmengeschichte wurde aus eigenem Wachstum heraus und durch die Akquisition anderer Unternehmen nach und nach ein global erfolgreicher Konzern mit über 300 verschiedenen Marken. Durch den Kauf von Gilette 2005 gelang es, den größten Konkurrenten Unilever zu überholen und zum größten Konsumgüterkonzern weltweit aufzusteigen.[190]

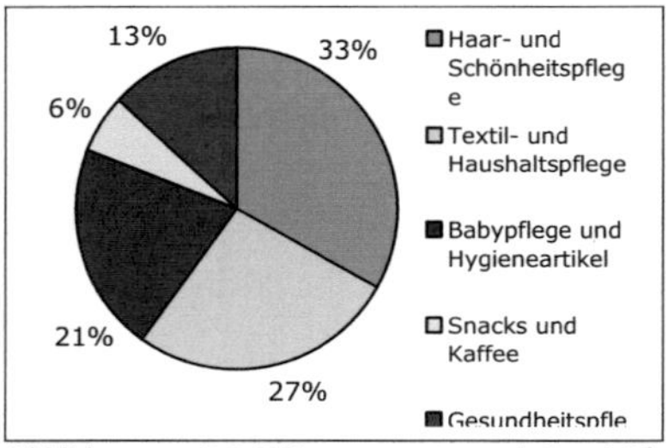

Abbildung 12: P & G Nettoumsatz nach Geschäftsbereich

Vertreten ist Procter & Gamble mit ca. 135.000 Mitarbeitern in über 80 Ländern der Welt. Weltweit betrug der Umsatz im Geschäftsjahr 2005/2006 68,2 Milliarden US-Dollar. Aktiv ist der Konzern in den Bereichen Haar- und Schönheitspflege, Gesundheitspflege, Snacks und Kaffee, Textil- und Haushaltspflege sowie Babypflege und Hygieneartikel. Grafik 12 gibt Aufschluss über die Verteilung des Nettoumsatzes auf die einzelnen Produktkategorien weltweit. Die sich daran anschließende Grafik 13 dokumentiert die wichtigsten Marken in den Produktgruppen. Damit besitzt das Unternehmen eines der führenden Produktportfolios weltweit. Die Marken sind qualitativ hochwertig und genießen eine hohe Glaubwürdigkeit bei den Konsumenten. Die Stärke des Unternehmens liegt unter anderem in der hohen Innovationsfähigkeit. Alte bewährte Produkte werden beibehalten und durch neue ergänzt. Im US-Heimatmarkt gelingt

[190] Vgl. Chary/Gupta (2005), S. 2 f.; Internetquelle Webseite PROCTER & GAMBLE.

es den neuen Produkten immer wieder, zu den erfolgreichsten Neueinführungen zu zählen.[191]

Haar- und Schönheitspflege
Pantene, Olay, Max Factor, Head & Shoulders, Safeguard, Rejoice, Vidal Sasson, Herbal Essences
Gesundheitspflege
Crest, Blens-a-med, Iams, Eukanuba, Vicks, PUR, ThermaCare
Snacks und Kaffee
Pringles, Folgers, Millstone
Textil- und Haushaltspflege
Tide, Ariel, Downy, Lenor, Fairy, Swiffer, Dash, Mr. Proper, Febreze, Ace
Babypflege und Hygieneartikel
Pampers, Luvs, Kandoo, Dodot, Charmin, Bounty, Puffs, Tempo

Abbildung 13: Die wichtigsten Marken von P & G

6.1.2 Markteintrittsstrategie

Da die Märkte in den entwickelten Ländern, einschließlich des US–Heimatmarktes, nicht mehr so stark wuchsen, entschloss sich die Unternehmensführung zu Beginn der 80er-Jahre dazu, den Fokus verstärkt auf die Transitional Economies wie China zu legen. Dem Unternehmen war durchaus bewusst, dass der Markt neben vielen Möglichkeiten auch nicht einzuschätzende Risiken barg. Doch wurde die Gefahr, dem Markt fernzubleiben und das vorhandene Konsumentenpotenzial ungenutzt zu lassen, höher bewertet als die Risiken, die mit einem Markteintritt verbunden waren. Auch war die wachsende Stärke inländischer Hersteller ein Grund, den Markteintritt voranzutreiben.[192]

Bis zu diesem Zeitpunkt war der Konzern lediglich in einem weiteren asiatischen Markt, nämlich in Japan vertreten. Da sich die japanische Kultur und Lebensweise doch sehr stark von der chinesischen unterscheidet, hatte das Management keine praktischen Erfahrungen, auf die es beim chinesischen Markteintritt zurückgreifen konnte. Den Ausschlag für das Engagement gab die Regierung mit der Einrichtung der Wirtschaftszonen. Für Procter & Gamble sollte die Guandong-Provinz mit ihrer Nähe zu Hongkong und Macao zur wichtigsten Sonderzone avancieren. Dem Verkauf der Produkte ging eine lange Phase der Reputationsbildung voraus.

[191] Vgl. o. V. (2007), S. 23.

[192] Vgl. Penhirin, Jacques (2004), S. 46 f.

In einem Zeitraum von zwei bis drei Jahren wurden Anzeigen und TV-Spots gezeigt, die es allein zum Ziel hatten, den Bekanntheitsgrad zu erhöhen. Zusätzlich stellten sich die Manager den lokalen sowie zentralen Regierungsbehörden vor, um im Rahmen des Guanxisystems ein Netzwerk von Verbindungen aufzubauen.[193]

1985 wurde in Shanghai und Peking die erste Marktstudie durchgeführt, um herauszufinden, welches Produkt als Erstes dem chinesischen Konsumenten vorgestellt werden sollte. Dem ersten Impuls folgend, wollte das Management mit einer der bekannten Waschmittelmarken Tide oder Ariel im Bereich Haushaltspflege an den Markt gehen. Ersten Tests zufolge übertraf das Waschergebnis alle inländischen Anbieter. Aus den Researcharbeiten ergab sich allerdings auch, dass der chinesische Konsument bei Weitem keinen so hohen Anspruch an das Waschergebnis hat wie etwa die Konsumenten in den entwickelten Ländern. Demnach würde das Anbieten eines Waschmittels, das reiner und sauberer wäscht, nicht auf Interesse bei den Verbrauchern stoßen.[194]

Die zur gleichen Zeit durchgeführte Studie im Bereich der Haarpflege zeigte indes erstaunliche Potenziale auf. Die Chinesen erwarben ihre Shampoos bis dahin in einem Container, dessen Inhalt die Konsistenz von Gelee hatte. Tests der Shampoosorten „Head & Shoulders" sowie „Pert Plus" offenbarten eine deutliche Nachfrage. Daher wurde der Markteinstieg mit Haarpflegeprodukten beschlossen, der gleichzeitig auch wesentlich weniger Kapitaleinsatz verlangte als die Marktbearbeitungsstrategie mit Waschmitteln.[195]

Da es ausländischen Unternehmen lediglich gestattet war, in Zusammenarbeit mit einem chinesischen Partner Produkte zu verkaufen, gründete Procter & Gamble 1988 ein Joint Venture mit der in Hongkong ansässigen Hutchinson Whampoa China Limited. Im Rahmen des Joint Venture wurde die Guangzhou-Seifenfabrik gekauft, um die Produkte lokal und somit kostengünstig herstellen zu können. Im Oktober desselben Jahres wurde „Head & Shoulders" gelaunched. Aufgrund des diversifizierten Marktes war der Verkauf auf die Regionen Guangzhou, das Perlflussdelta und die Region Südchina begrenzt. Begründet mit dem Fakt, dass die chinesischen Verbraucher bereit sind, einen nicht unerheblichen Teil für die Haarpflege auszugeben, wuchs der Umsatz stetig. Sicherlich profitierte das Unternehmen auch davon, als eines der ersten westlichen Unterneh-

193 Vgl. ebd., S. 47 f.
194 Vgl. Chary/Gupta (2005), S. 5 f.
195 Vgl. ebd., S. 6 f.

men mit Konsumgüterprodukten an den Markt zu gehen. So wurde über die Einführung des Produktes im Fernsehen berichtet und die Kunden reihten sich in langen Warteschlangen vor den Läden ein. Um auch der ländlichen Bevölkerung mit einem deutlich geringeren Einkommen das Produkt zur Verfügung zu stellen, wurden Kleinstabpackungen für den einmaligen Gebrauch produziert. Head & Shoulders avancierte trotz des deutlich höheren Preises zu Chinas meist gekauftem Shampoo. In knappen Abständen folgten Rejoice, Pantene Pro V sowie Vidal Sasson. Innerhalb kürzester Zeit wurde dadurch der Markt für Haarpflege mit vier verschiedenen Produkten bedient, die aufgrund der unterschiedlichen Produkteigenschaften und des Images den gesamten Verbrauchermarkt befriedigten.[196]

Nach und nach folgten dann weitere Produkte in unterschiedlichen Produktkategorien.

Bereits im Geschäftsjahr 1992/1993 fing das Joint Venture an, Gewinn zu erwirtschaften.

6.1.3 Brand Stretching als Marketingstrategie

Entgegen der Meinung vieler Skeptiker, welche die Einführung eines Premiumshampoos zu einem hohen Preis für falsch hielten, hat sich die Markteintrittsstrategie von Procter & Gamble bewährt. Ausschlaggebend dafür war nicht zuletzt die Tatsache, dass viele Chinesen unter Schuppen zu leiden haben und das beworbene Produkt als einziges auf dem Markt Anti-Schuppeneigenschaften besitzt.

Procter & Gamble fokussierte zunächst nur den Geschäftsbereich das Premiumsegments im Bereich der Haarpflege. Durch den beschriebenen Erfolg stieg das Unternehmen auch schnell zum Marktführer in diesem Segment auf. Doch nachdem der Druck im High-End-Bereich immer stärker wurde, entschloss sich das Management zur vertikalen Ausdehnung der Produkte ins Mid-End-Segment. Daraus ergaben sich zwei Problemfelder. Zum einen musste sich der globale Konzern nun regionalen Anbietern im Wettbewerb stellen, die oftmals eine wesentlich bessere Kostenstruktur aufweisen konnten. Zum anderen bestand die Gefahr, mit dem Produkt im Mid-End-Bereich die Premiummarke zu „kannibalisieren".[197]

Zu diesem Zeitpunkt wurden 70 % des Umsatzes für Zahnpasta im Bereich der Mittelklasse und im Low-End-Bereich generiert. Aus diesem

---

196 Vgl. ebd., S. 5 f.

197 Vgl. Penhirin, Jacques (2004), S. 47 f.; Chary/Gupta (2005), S. 7 f.

Grund wurde die bis dahin im High-End erfolgreiche Marke „Crest" mit abgewandelter Zusammensetzung und unter der Verwendung anderer Kommunikationsmittel im Mid-Segment gelauncht. So wurde „New Crest" vor allem in traditionellen Supermärkten, Kiosken und Tante-Emma-Läden angeboten, die auf das entsprechende Publikum in den Zielsegmenten ausgerichtet waren. Daneben wurden die unterschiedlichen Produkteigenschaften in der Promotionstrategie für beide Produkte fokussiert. Während die „New Crest"-Zahnpasta vor allem den Schutz vor Karies bot, hatte die ursprüngliche „Crest"-Zahnpasta noch die zusätzliche Fähigkeit, die Zähen weißer zu machen. Innerhalb von zwei Jahren gelang es auf diese Weise, den Marktanteil im Mid-Segment von 5 % auf 12 % zu steigern, ohne dabei die Premiummarke zu gefährden.[198]

Auch die Marke „Olay" wurde vertikal integriert. Die chinesischen Konsumentinnen schätzen Produkte, die einen klaren und weißen Teint versprechen. Aus diesem Grund wurden eigens für den Markt China zwei Produktvarianten von „Oil of Olay" hergestellt, die zum einen im Premiumsegment und zum anderen im Preisbereich der Mittelklasse platziert wurden. Auch hier gelang es Procter & Gamble, Marktführer im Bereich Hautpflege zu werden.[199]

Marktanteile über diese Vorgehensweise zu generieren, ist jedoch nur bei größeren Marken sinnvoll, die das Potenzial besitzen, in mehreren Segmenten aktiv zu sein. Daher wurde diese Strategie auch nicht bei allen Marken implementiert. Der Erfolg der vertikalen Integration in China lässt den Konzern darüber nachdenken, diese Strategie auch für weitere Märkte zu übernehmen.

Die Konsumenten in den verschiedenen Segmenten haben unterschiedliche Ansprüche in Bezug auf den Produktnutzen und die Technologie. Für die Unternehmensstrategie ist es entscheidend, den Geschmack der jeweiligen Konsumentengruppe zu treffen und die Bereiche zu definieren, die nicht ausreichend mit entsprechenden Produkten abgedeckt werden. Zusätzlich sollen Produkte entwickelt werden, die für den Konsumenten einen entsprechenden Mehrwert aufzeigen, den er allerdings bezahlen muss.[200]

Neben der Ausweitung der Produktpalette wurde mit der Zeit deutlich, dass auch die alleinige Präsenz in den städtischen Gebieten der Küstenregion sowie im Markt Peking nicht zielführend beim Ausbau der Marktpo-

---

198 Vgl. Chary/Gupta (2005), S. 10 f.; Penhirin, Jacques (2004), S. 46.

199 Vgl. Eimer (2006), S. 33.

200 Vgl. Penhirin, Jacques (2004), S. 46.

sition sein würde, denn die Mehrheit der chinesischen Bevölkerung lebt in kleineren Städten und Dörfern. Um einen größeren Teil der Bevölkerung anzusprechen, wurden speziell ausgebildete Salesmanager bei den Distributoren vor Ort eingesetzt. Diese halfen dabei, ein entsprechendes Netzwerk aufzubauen, das Personal vor Ort zu trainieren und zusätzlich Sales Promotions durchzuführen. Dadurch gelang es Procter & Gamble, bis 2005 ihre Produkte in ca. 600 Städten in China anzubieten.[201]

Bei der Frage nach Standardisierung oder Adaptation hat sich der Konzern entgegen der üblichen Vorgehensweise eindeutig für die relativ starke Anpassung der Marken und Produkte an die chinesischen Kundenbedürfnisse entschieden. Aus diesem Grund betrachtet das Management die in China angebotenen Produkte als chinesische Produkte, die von einem globalen Unternehmen offeriert werden. Deutlich wird dies auch an der Namensgebung. Die Namen wurden entsprechend der Produkteigenschaften ausgewählt und mit geeigneten Attributen versehen. So heißt bspw. die Marke Pampers „bang bao shi", was „dem Baby zu Komfort verhelfen" bedeutet. Das Waschmittel Ariel stellt übersetzt die „helle und klare Welle der Reinigung dar".

Dabei profitieren die „neuen" alten Marken eindeutig vom innerbetrieblichen Know-how der Markenbildung.

6.1.4 Spezifische Probleme von Procter & Gamble auf dem chinesischen Markt

Durch den Ausbau der Produktions- und Distributionsstrukturen wurde der chinesische Konsument für Procter & Gamble immer transparenter. Dennoch kam es in einigen Bereichen zu unerwarteten Reaktionen der Verbraucher, die in Form eines stetigen Lernprozesses Einfluss auf zukünftige Managemententscheidungen hatten.

So wurde aufgrund der möglichen Kostenersparnis im Bereich „Werbung" für das Produkte „Safeguard Seife" im Rahmen des Standardisierungsprozesses eine auf den Philippinen erfolgreiche Printkampagne für den chinesischen Markt übernommen. Die Anzeigenmotive wurden mit Chinesen als Protagonisten neu aufgenommen. Es gab drei Motive: ein Mann, der verschwitzt und dreckig vom Fußballspiel nach Hause kommt; ein Teenager mit Pickeln sowie ein kleiner Junge, der sich beim Spielen das Knie aufgeschrammt hatte. Da der chinesische Verbraucher Werbung eindimensional betrachtet, wurde der übergeordnete Nutzen des Produk-

---

[201] Vgl. Grant (2006), S. 24 f.

tes nicht wahrgenommen. Die Frauen waren der Auffassung, dass sie das Produkt nicht bräuchten, da sie nicht so schwitzen wie Männer und nie so schmutzig werden. Daraufhin wurde die gesamte Kampagne angepasst. Gezeigt wurde dann die gesamte Familie bei der Produktnutzung.[202]

Auch die Werbung für „Rejoice", ein Shampoo mit Conditioner, wurde vom US-Markt übernommen. Da die Konsumenten mit dem Produkt „Conditioner" selbst nicht vertraut waren, erschloss sich ihnen auch nicht der Sinn eines gekoppelten Produktes. Auch hier entschloss sich das Marketing für ein neues Motiv. Im TV-Spot wurde nun eine Stewardess gezeigt, welche die einzelnen Produkteigenschaften erläuterte. Die Lockerung der Reisebedingung zum Zeitpunkt der Veröffentlichung führte nicht zuletzt dazu, dass das Motiv bei den Konsumenten gut ankam.[203]

2006 geriet das Unternehmen mit seinem Prestigeprodukt „SK-II" in Misskredit bei den chinesischen Verbrauchern. „SK-II" ist eine auf dem asiatischen Markt sehr beliebte Creme, die eine weißen und klaren Teint verleiht. Die Behörde für Qualitätssicherung bemängelte eine zu hohe Dosis Chrom und Neodym im Produkt. Daraufhin schloss das Unternehmen sämtliche Verkaufscounter in den Warenhäusern. Die Käufer konnten die Ware zurückgeben und bekamen das Geld zurückerstattet. Untersuchungen ergaben allerdings, dass die im Produkt enthaltenen Mengen an Chrom und Neodym vollkommen unbedenklich seien. Vielmehr ließe es sich im Herstellungsprozess nicht vermeiden, dass kleinste Mengen ins Produkt gelangen. Auch parallel getestete Pflegeserien anderer internationaler Hersteller enthielten eine ähnliche Dosis.[204]

Experten führen die Denunzierung der chinesischen Behörden allerdings auf den zu diesem Zeitpunkt akuten Konflikt zwischen China und Japan zurück. Japan bemängelte die Qualität chinesischer Agrarprodukte und erließ ein Gesetz, das den Import nur unter gesonderten Bedingungen zuließ. Die chinesischen Behörden wurden daher auf anderer Ebene tätig, um die Einfuhr japanischer Güter einzuschränken. Die Pflegeserie wurde in Japan entwickelt und hergestellt, demnach war das Image entsprechend geprägt. Nicht viele Konsumenten wussten, dass sich hinter dem Produkt der Konzern Procter & Gamble verbarg. Das Unternehmen ist folglich aufgrund der Zusammenarbeit mit der japanischen Tochter zum Opfer chinesischer Willkür geworden.[205]

---

[202] Vgl. Internetquelle: www.chiefexecutive.net 06/2004.

[203] Vgl. ebd.

[204] Vgl. Henderson, Clare (2006), S. 5; Lin (2007), S. 30.

[205] Vgl. Lin (2007), S. 29.

Hinzu kommt, dass die starken westlichen sowie japanischen Anbieter im Bereich der Kosmetik die inländischen Hersteller vom Markt verdrängen. Nachdem durch die Mitgliedschaft in der WTO die Einfuhrrestriktionen nicht mehr erlaubt sind, bedienen sich die staatlichen Behörden anderer Mittel, um die einheimischen Anbieter zu schützen. Auch Unternehmen wie Lipton Tee, Colgate-Palmolive oder KFC waren bereits von ähnlichen Kampagnen betroffen. Im Nachhinein stellte sich stets heraus, dass die Qualität der Produkte einwandfrei war.[206]

Gleichwohl wirft sich die Frage auf, warum Procter & Gamble die Anschuldigungen nicht öffentlich klargestellt hat. In diesem Fall hätte sich das Unternehmen gegen die Position der Regierung gestellt, und im Rahmen des starken Guanxisystems hätte diese Vorgehensweise einen negativen Einfluss auf die zukünftige Zusammenarbeit haben können.

6.1.5 Zukünftige Herausforderungen für das Unternehmen

Der Erfolg von Procter & Gamble in China ist auf das Zusammenspiel vieler Faktoren zurückzuführen. Zum einen hat das Unternehmen davon profitiert, als eines der ersten westlichen Konsumgüterhersteller ins Land zu kommen. Dabei ist das Unternehmen langsam vorgegangen und hat den Markt ausreichend analysiert. In einer Zeitspanne von knapp zwei Jahren wurde nicht ein Produkt verkauft, sondern stattdessen die Reputation des Unternehmens in China aufgebaut. Dahin gehend hat das Management den Kontakt zu den staatlichen Behörden und Einrichtungen gezielt gesucht, um ein in China notwendiges Netzwerk an Verbindungen aufzubauen. Auf diese Weise ist es gelungen, eine starke Organisation aufzubauen, die teilweise – im Vergleich zu anderen ausländischen Unternehmen – starke Zugeständnisse seitens der Behörden erhält. So war es z.B. chinesischen Mitarbeitern möglich, in die USA zu reisen, um an Trainingsmaßnahmen teilzunehmen. Doch der Imageverlust durch die Beanstandung des SK-II-Produktes zeigte, dass das politische und wirtschaftliche Umfeld durch Unsicherheit geprägt ist. Der indirekt ausgeübte Protektionismus bedingt ein instabiles wirtschaftliches Umfeld. Die Herausforderung wird darin liegen, mit diesen Situationen umzugehen, ohne das Image von Unternehmen und Marke zu gefährden und ohne die Regierungsbehörden vor den Kopf zu stoßen.

Positiven Input auf den Ausbau der Marktposition hatte die bereits erläuterte vertikale Integration bestimmter Marken. Dadurch wurden die Pro-

---

206 Vgl. ebd., S. 29 f.; Claudia, Wanner => Internet.

dukte einer breiteren Masse zugänglich. Ebenso half der spezielle Einsatz von Sales Managern vor Ort, die Konsumenten in ländlicheren Regionen zu erreichen.[207]

Die Herausforderungen für den Konzern in China sind vielschichtigster Natur. Das Bestreben, in allen Gebieten Marktführer zu werden, wird durch die großen Unterschiede in den Konsumentengruppen und durch die geografische Ausdehnung des Landes beeinflusst. Während sich die Konsumenten in Shanghai, Peking und Guangzhou bei der Wahl der Produkte mittlerweile ähnlich Vorgehen wie diejenigen in Hongkong verhalten, suchen die ländlichen Verbraucher nach Produkten, die funktional sind und die Basisanforderungen erfüllen. Diese Diversität enthüllt sich ferner in den Distributionskanälen. Neben globalen und modernen chinesischen Einzelhändlern existieren weiterhin die traditionellen Tante-Emma-Läden und Kioske. Das Ziel wird es sein, Konsumentengruppe zu definieren und spezifische Produktlösungen zu entwickeln.[208]

Vor allem im Bereich der Hautpflege steigen die Erwartungen der potenziellen Käufer. Sie wollen die neusten globalen Trends zu moderaten Preisen. Doch der Unterschied zwischen westlicher Technologie und dem, was der Konsument zu zahlen bereit ist, ist manchmal so hoch, dass das einfache Weglassen spezifischer Inhaltsstoffe das Produkt nicht wesentlich vergünstigt. Für Procter & Gamble liegt die Herausforderung darin, eine Alternative zu entwickeln, die den Verbraucher zufriedenstellt und gleichzeitig die Herstellungskosten sinken lässt. Auch im Bereich der Waschmittel können lediglich Neuentwicklungen dem starken Kostendruck gerecht werden. Die Ausweitung des Wettbewerbs wird diese Entwicklung weiter verstärken. Während zur Beginn der wirtschaftlichen Öffnung vorwiegend westliche MNCs die Konkurrenz für Procter & Gamble darstellten, ändert sich die Struktur der Marktteilnehmer. Die Verbesserung der Qualität sowie die Konzentration auf die mittleren sowie unteren Preissegmente bewirkte, dass auch chinesische Hersteller Marktanteile generieren konnten. Die Herausforderung der nächsten Jahre wird darin liegen, die Marktposition zu festigen, teilweise auszubauen und die Markentreue der Konsumenten zu fördern.[209]

---

[207] Vgl. Penhirin, Jacques (2004), S. 46 f.

[208] Vgl. ebd.; Grant (2006), S. 24.

[209] Vgl. Penhirin, Jacques (2004), S. 48 f.; Chary/Gupta (2005), S. 12 f.

6.2 Das Engagement von Yahoo in der Volksrepublik China

6.2.1 Das Unternehmen in Zahlen

Gegründet wurde das Unternehmen 1994 durch die Studenten Jerry Yang und David Filo in Sunyvale, Kalifornien, durch die Veröffentlichung einer Webseite, die als „Jerry and Davids guide to the World Wide Web" bekannt werden sollte. Das Portal war in Form eines Verzeichnisses angelegt, das wiederum zu anderen Webseiten führte. Um die große Nachfrage nach individuellen Seiten zu stillen, wurde die ursprüngliche Yahoo!-Suchmaschine entwickelt. Die Ziele wurden angepasst, und Yahoo! wollte zum führenden Anbieter von Internetserviceleistungen für Privat- und Geschäftskunden aufsteigen. Die finanzielle Förderung übernahm zunächst die Sequoia Capital, bis das Unternehmen 1996 an die Börse ging.

In den späten 90er-Jahren repräsentierte Yahoo! das führende Webportal auf dem US-Markt. Durch zahlreiche Akquisitionen auch ausländischer Start-ups gelang es binnen kürzester Zeit, das Serviceangebot zu erweitern und ins Ausland zu expandieren. Mittlerweile ist das Unternehmen in 25 Ländern und 13 Sprachen vertreten.

Der große Erfolg lag unter anderem darin begründet, dass die Unternehmensgründer über ein großes technisches Know-how verfügten und die Ideen selbstständig sowie dadurch weitaus schneller realisieren konnten. Zudem war und ist der Yahoo!-Service kostenfrei. Vor allem der Messenger – eine Plattform, über die der Kunde E-Mails sowie SMS verschicken kann – profitierte von diesem Preiskonzept. Die Finanzierung der Seiten erfolgte fast ausschließlich über die Vermarktung der Onlinewerbeflächen, die immer beliebter bei den Geschäftskunden wurden.

2006 war Yahoo! eine der führenden globalen Internetmarken. Das Produktportfolio erstreckt sich mittlerweile auf Dienstleistungen, die es den Kunden ermöglichen, miteinander zu kommunizieren, Informationen abzufragen oder über eigenständig kreierte Webseiten zur Verfügung zur stellen. Die Hauptaktivitäten liegen im Bereich der Onlinesuche, der Kommunikation, der Onlinewerbung, des elektronischen Handels (E-Commerce) sowie in der Informationsverbreitung. In der Summe konnten alle Bereiche im Jahr 2006 einen Umsatz von 6,4 Milliarden US-Dollar erwirtschaften.[210]

---

[210] Vgl. yahoo.com.

6.2.2 Der chinesische Internetmarkt

2006 zählte der chinesische Markt bereits zum zweitgrößten hinter den Vereinigten Staaten. Bisher sind rund 137 Mio. Internetuser (ca. 10,5 % der Gesamtbevölkerung) vorhanden – und täglich kommen neue hinzu. Der chinesische Konsument verbringt ca. 17 Stunden in der Woche im Internet, während sich der amerikanische User nur ca. 11,5 Stunden in der Woche im Internet aufhält.

Vom enormen Marktwachstum 2005 und 2006 haben vor allem inländische Unternehmen profitieren können. Baidu als Anbieter einer Onlinesuchmaschine avancierte durch starke Expansion zum Marktführer in diesem Bereich. Firmen wie NetEase, Sind und Sohu konnten vor allem durch den Ausbau des SMS-Services ihre Umsätze steigern.

Neben den gängigen Onlinedienstleistungen hat der chinesischen Konsument einen erhöhten Bedarf an speziellen Tools, wie z. B. dem Bloging. Dabei handelt es sich um eine Art Onlinetagebuch, welches es den Nutzern ermöglicht, Einträge zu den jeweiligen Themen zu generieren, die dann auch von anderen eingesehen werden können. Blogs dienen hauptsächlich dem Austausch von Informationen sowie Gedanken und weisen daher eine starke Ähnlichkeit mit Internetforen auf. Vor allem die chinesischen Jugendlichen nutzen das Bloging, um durch den Schutz der Anonymität ihre Meinung zu äußern.

Auch wenn die politische Führung inzwischen die Existenz von Internetfirmen billigt, unterliegt diese Branche doch sehr starken Regulierungen, die verdeutlichen, dass die freie Meinungsäußerung nicht zu den Grundrechten des chinesischen Bürgers gehört. Politisch kontroverse Themen, wie z. B. die militärische Eroberung Tibets oder aber die Unabhängigkeit Taiwans, werden dabei ebenso strikt zensiert wie pornografische Inhalte.

6.2.3 Markteintritts- sowie Marktstrategie des Unternehmens

Das enorme Wachstumspotenzial des chinesischen Marktes für Internetdienstleistungen hat Yahoo! im Mai 1998 dazu bewogen, die Erstversion ihres chinesischen Portals zu launchen. Der Markteintritt erfolgte in einem Joint Venture mit Confurtune Information Technology Co. Ltd. Ein vor Ort aktives Verkaufsteam war dafür verantwortlich, die Werbefläche der Webseiten an chinesische Unternehmen zu vermarkten.

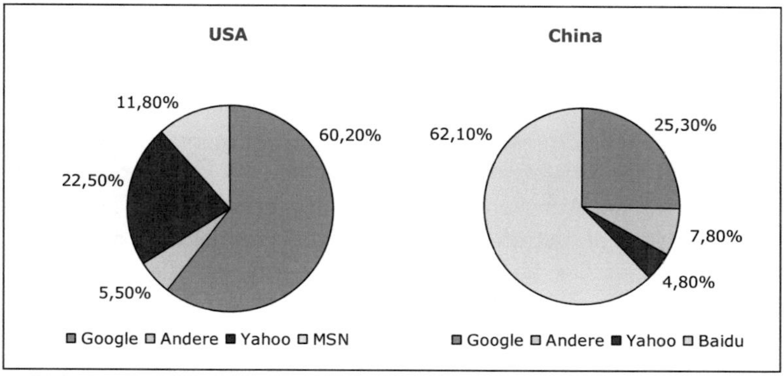

Abbildung 14: Marktanteile Suchmaschinen USA und China
Quelle: Vgl. http://weblogs.hitwise.com/bill-tancer/2006/08/us_july_search_volume_numbers.html

Anders als die ausländische Konkurrenten entschied sich Yahoo! wesentlich früher für den Markteintritt. Das angebotene Portal war im Vergleich zu denen anderer Zielmärkte ähnlich aufgebaut. Zur Verfügung standen ein News- und Finanzfeature ebenso wie der E-Mail-Service und der My-Yahoo-Bereich. Daneben fand sich ein Verzeichnis mit populären Webseiten zu bestimmten Themenbereichen, wie Kunst, Sport oder Shopping.

2003 hat Yahoo die chinesische Suchmaschine 3721, die eine spezielle Software für die Suche nach chinesischen Schlüsselwörtern entwickelt hat, akquiriert. Mit dem auf Chinesisch betriebenem Portal sowie der Suchmaschine wollte Yahoo! an den Erfolg seiner Seite in Japan anknüpfen. Dies ist dem Unternehmen indes nicht gelungen. Stattdessen nimmt es mittlerweile eine Position weit hinter den inländischen Anbietern ein. Auch der globale Konkurrent Google, der erst 2005 seine Geschäfte in China ausbaute, hat Yahoo längst überholt. Der Marktanteil Yahoos im Bereich der Suchmaschinen beträgt gerade 4,80 %, während Baidu knapp zwei Drittel des Marktes für sich gewinnen konnte. Dies ist unter anderem darauf zurückzuführen, dass das chinesische Unternehmen vor allem bei der Suche nach Musikdateien die genausten Ergebnisse liefert. Dieser technische Vorteil hat enorme Auswirkungen auf die Nachfrage der Suchmaschine, da die größte Gruppe der chinesischen Internetnutzer Jugendliche sind.[211]

Um die Geschäfte wieder erfolgreicher zu betreiben, wurde das operative Geschäft von Yahoo! China im August 2005 an Allibaba übergeben; der Konzern erhielt für 1 Milliarde US-Dollar 40 % der Stimmrechte am Un-

[211] Vgl. Flannery (2004), S. 110 f.

ternehmen. Allibaba betreibt das in China führende Auktionshaus Taobao, das ähnlich konzipiert ist wie ebay. Yahoo erhoffte sich, vom Know-how des lokalen Partners zu profitieren, während Allibaba die Technologie auch für weitere Projekte nutzen durfte. Doch mehr als zwei Jahre später hat das Unternehmen immer noch damit zu kämpfen, sich am Markt zu etablieren. Aus diesem Grund fiel die Entscheidung zur Änderung der Unternehmensstrategie. Der Fokus soll nunmehr auf dem High-End-Bereich liegen. Die Suchmaschine soll speziell auf die Bedürfnisse von Geschäftskunden abgestimmt werden und demnach nur noch Firmenseiten als Suchergebnis zulassen. Den Markt für Privatkunden möchte Yahoo! Baidu überlassen.

6.2.4 Yahoos ! Probleme mit dem Chinageschäft

Die Probleme von Yahoo! in China sind vielfältigster Natur. Neben selbst verschuldeten Fehlern in der Software trugen ebenfalls die Rahmenbedingungen dazu bei, dass das Unternehmen sich nicht wie geplant entwickeln konnte.

So wurde Yahoo! China Bezichtigt, Malware zu verbreiten. Dabei handelt es sich um eine Software, die sich ohne Erlaubnis des Nutzers eigenständig auf dem PC installiert. Die Anschuldigungen erfolgten hauptsächlich über Zhou Hongyi, der als Gründer des Unternehmens 3721 nach Übernahme durch Yahoo! als Geschäftsführer für Yahoo! China angestellt war. Konflikte mit dem Konzernmanagement bewegten ihn dazu, das Unternehmen 2005 zu verlassen und zu Qihoo zu wechseln. Qhioo entwickelte unter der Leitung Zhous eine Antispy-Software, die Yahoos Symbolleiste als Malware identifizierte und vom Computer entfernte. Yahoo! reichte Klage gegen Qihoo wegen unfairen Wettbewerbs ein. Auch wenn Yahoo! China den Prozess für sich entscheiden konnte, ist davon auszugehen, dass die Deinstallation der Toolbar zu einem Verlust von Kunden geführt hat.[212]

Negative Publicity erhielt Yahoo! ferner durch die Inhaftierung des chinesischen Journalisten Shi Tao, die aufgrund der Freigabe von Daten an die chinesische Regierung erfolgte. Tao hatte einen Artikel über den Jahrestag des Tiananmen-Massakers verfasst und diesen über seinen Yahoo!-Mailaccount einer chinesischen Zeitungsredaktion zukommen lassen.[213]

---

212 Vgl. Wu (2006), S. 17.

213 http://www.spiegel.de/netzwelt/web/0,1518,497241,00.html.

Die Behörden forderten das Unternehmen auf, Registrierungsdaten, Log-in-Statistiken sowie die E-Mails des betreffenden Accounts freizugeben. Das erhaltene Datenmaterial wurde dazu verwendet, den Regimekritiker zu einer Haft von zehn Jahren wegen Hochverrats zu verurteilen. Das Unternehmen erklärte, dass die Freigabe der Informationen unter der Annahme erfolgt sei, dass die Regierung in einem Mord- oder Terrorismusfall ermittle. Inzwischen wurde jedoch ein Schreiben offiziell, das belegt, dass Yahoo! genau bekannt war, welchem Zweck die Ermittlungen dienten und ungeachtet der Konsequenzen die Daten dennoch an die Behörden übergeben hatte. Offiziell hat sich das Unternehmen nicht zu den neuen Anschuldigungen geäußert. Das Image des Onlinedienstleisters hat darunter gleichwohl extrem gelitten, nicht zuletzt weil es sich nicht um einen einmaligen Fall handelt. Bereits 2003 wurde eine Regimekritikerin, die ebenfalls einen E-Mail-Account bei Yahoo! Besaß, zu einer Gefängnisstrafe verurteilt.[214]

Für das Unternehmen scheint die Schwierigkeit darin zu liegen, die wirtschaftlichen Interessen durchzusetzen und dabei das Recht auf freie Meinungsäußerung nicht zu verletzen. Doch gerade in China können die Menschen ihren Standpunkt oftmals nur über die Anonymität des Internets kundtun. Unterliegen die Daten dann keinem Schutz, verliert der Nutzer eindeutig das Vertrauen in seinen Provider und wechselt zu einem anderen Anbieter, der ihm glaubwürdiger erscheint.

Die Onlineunternehmen inklusive Yahoo! unterliegen dem Druck, eine Lizenz für den chinesischen Markt nur dann zu erhalten, wenn sie mit den staatlichen Behörden kooperieren und regimekritische Inhalte nicht veröffentlichen bzw. im Fall der Suchmaschinenanbieter den Zugang verwehren. Der Konkurrent Google hat aus diesem Grund eine zensierte Form seiner Suchmaschine in China eingeführt.

Negative Publicity erhielt das Unternehmen auch Anfang dieses Jahr aufgrund seiner Verurteilung wegen Mitschuld an der Verletzung von Urheberrechten. Die International Federation for the Phonographic Industry (IFPI) warf Yahoo! China vor, das Kopieren von illegalen Musikdateien zu unterstützen. Über die Yahoo-China!-Suchmaschine war es den Usern möglich, Verweise auf gewünschte Seiten zu finden. Auch wenn die Raubkopien über andere Server bezogen wurden, erhielt Yahoo! China eine Mitschuld und musste sämtlich Verweise auf kostenlose Musik-

---

[214] Ebd.

Downloads von seiner Seite entfernen. Zusätzlich fiel eine Strafe von 200.000 Yuan an.[215]

Das Management beklagt, dass in einem ähnlichen Verfahren der chinesische Konkurrent Baidu freigesprochen wurde. Aus diesem Grund wollte das Unternehmen Berufung einlegen und warf den Behörden Ungleichbehandlung vor.

Problematisch scheint auch die Führung des Chinageschäftes. Nach deutlichen Differenzen zwischen der Tochter in China und dem Hauptquartier verließ der letzte Geschäftsführer, Xie Wen, nach gerade einmal zwei Monaten das Management. Zusätzlich verstärken sich die Probleme mit dem Partner Allibaba, denn die Vorstellungen bezüglich der strategischen Ausrichtung bezüglich Yahoo! China driften immer weiter auseinander.

6.2.5 Zukünftige Herausforderungen für den Konzern und Yahoo! China

Die Probleme im Chinageschäft sind beispielhaft für die des gesamten Konzerns. Nach der gescheiterten Akquisition des Konkurrenten Google im Jahr 2002 verlor Yahoo! immer mehr Marktanteile. Auch der Zukauf des Suchmaschinenanbieters Inktomi, der nach Google die zweitbeste Suchmaschinentechnologie besessen habe sollte, hielt diesen Prozess nicht auf. Yahoo! ist es nicht gelungen, die neuen Techniken in die vorhanden Bereich zu integrieren. Mittlerweile scheint es äußerst schwierig geworden zu sein, Google im Bereich der Suchmaschinen und Onlinewerbung noch einzuholen.

Auch die großen Differenzen in der Konzernführung haben die Entwicklung des Unternehmens behindert. Aufgrund des breiten Produktportfolios ist der Fokus auf die Kernbereiche des Onlinedienstleisters verloren gegangen.

Analysten sind der Auffassung, dass die zukunftsträchtigen Bereiche für Yahoo! China die Onlinesuche sowie die Onlinewerbung sein werden.[216] Das Unternehmen muss seine eigene Strategie finden, um den Onlinemarkt zu bearbeiten. Nur dem Beispiel Googles zu folgen, wird dabei kaum den gewünschten Erfolg bringen. Mögliches Wachstum über den Zukauf chinesischer Onlineunternehmen lässt sich momentan noch nicht

---

215 Vgl. Culpna/McClure (2006), S. 5-8; http://www.spiegel.de/netzwelt/web/0,1518,479150,00.html, http://winfuture.de/news,30478.html

realisieren, da es ausländischen Unternehmen nur gestattet ist, eine Minderheitsbeteiligung an chinesischen Unternehmen zu halten. Daher muss das Ziel in der substanziellen Expansion liegen. Auch wenn die Zusammenarbeit mit Allibaba sich schwierig gestaltet, lassen sich doch auch Vorteile aus der Geschäftsbeziehung ziehen. Als Anbieter des führendes Business-to-Business-Portals sowie Onlineauktionshauses besitzt Allibabas enormes Entwicklungspotenzial im Bereich des Onlineshoppings. Von diesem positiven Image könnte auch Yahoo! China profitieren. Die Frage wird sein, ob es dem Management gelingt, sich auf eine strategische Ausrichtung festzulegen und die Kernkompetenzen Allibabas für Yahoo! China zu nutzen.

7 Schlussbetrachtung

Die Transitional Economy China ist nach wie vor ein attraktiver Markt für viele amerikanische Unternehmen. Doch die Volksrepublik China ist und bleibt auf absehbare Zeit ein Land der Gegensätze. Auf der einen Seite kultivierte Großstädte die ein enormes Wirtschaftswachstum aufweisen und sich zu asiatischen Metropolen entwickeln, auf der anderen Seite ländliche Gegenden, in denen ein Großteil der Bevölkerung an der Armutsgrenze lebt. Die konträre wirtschaftliche Entwicklung hat zu einer starken Diversifizierung der Konsumentengruppen geführt. Eine erste Herausforderung für ausländische Unternehmen liegt darin, dies zu erkennen und eine entsprechende Marktsegmentierung vorzunehmen. Es bietet sich an, den Markt zu unterteilen und dabei Gruppen zu definieren, die anhand gleicher wirtschaftlicher Vorrausetzungen, ähnlicher Einstellungen sowie gleicher Lebensstile eine, in sich abgeschlossene homogene Gruppe bilden. Doch die alleinige Fokussierung auf den High-End Konsumenten wird nicht zum gewünschten Wachstum führen, denn viele Wettbewerber buhlen um eine vergleichsweise kleine Gruppe von Käufern. Stattdessen sind innovative Konzepte gefragt, die durch Markenexpertise und effizientes Kosten- und Preismanagement neue Zielgruppen erschließen. Ohne Zweifel werden dabei ausländische Unternehmen mit einheimischen Anbietern konkurrieren stehen, die nicht nur günstig produzieren, sondern auch in Bezug auf die Qualität dazu gelernt haben.

Die grundlegende strategische Frage, ob eine Standardisierung oder aber eine Adaptation des Marketing Mix den größten Erfolg bringt, kann nicht allgemeingültig beantwortet werden. Ausgangspunkt für die Wahl der Marketingstrategie bildet daher das Produkt. Wie in der Arbeit deutlich wurde, verlangen Culture-Bond-Produkte eher nach Anpassung als Culture-Free-Produkte. Aufgrund der starken kulturellen Unterschiede zwischen Nordamerika und China, ist eine reine Standardisierung wohl nicht Ziel führend. Fast alle Unternehmen, die in Asien agieren passen ihre Produkte, Markennamen oder Serviceleistungen an. Daher stellt sich vielmehr die Frage, nach dem Grad der Adaptation und wie diese im operativen Geschäft umzusetzen ist. Das Kapitel fünf hat gezeigt, dass die Schwierigkeiten in der operativen Gestaltung der Marketingmittel differenziert zu betrachten sind. Die eben angesprochenen kulturellen Divergenzen, tangieren fast jeden Entscheidungsbereich im Marketing. Vor allem in der Gestaltung der Kommunikationsmittel lässt sich ein unmittelbarer Einflusse länderspezifischer Wertevorstellungen und nationaler Besonderheiten feststellen. Vor allem in Werbekampagnen sollten diese spezifischen Faktoren Berücksichtigung finden. Allein durch die Zusammenarbeit mit inländischen Agenturen kann eine nicht beabsichtigte Provokation der Konsumenten ausgeschlossen werden.

Das Umfeld in China ändert sich stetig. Unternehmen die im Rahmen der Pionierstrategie früh nach China gegangen sind, sahen sich teilweise mit anderen Problemen konfrontiert als diejenigen, die nach dem WTO-Eintritt gefolgt sind. Doch trotz der zunehmenden Liberalisierung ist die politische Unsicherheit geblieben. Die Volksrepublik weist immer noch protektionistische Strukturen auf. Einheimische Unternehmen werden bevorzugt, denn politische sowie wirtschaftliche Entscheidungen unterliegen oftmals der Willkür von Einzelpersonen. Unternehmen, die sich in China niederlassen wird dieses Problem im Alltag begegnen. Das politische System unterscheidet sich deutlich von dem westlicher Staaten und weist ein wesentlich höheres Potential an Unsicherheiten auf.

Unternehmen, die in China agieren wird es kaum gelingen sich gegen alle Eventualitäten abzusichern. Das musste auch Procter & Gamble feststellen, deren Pflegeserie SKII zeitweise vom Markt genommen wurde, da sie angeblich Gesundheit gefährdende Inhaltstoffe enthielt. Das Unternehmen wurde zum politischen Spielball und erlitt dadurch nicht nur einen erheblichen finanziellen Schaden, sondern auch einen enormen Imageverlust.

Schlussfolgernd kann festgehalten werden, dass es für eine erfolgreiche Marktbearbeitung nicht ausreicht über ein gutes Konzept und attraktive Produkte zu verfügen. Die strategischen Vorteile müssen auch operativ umgesetzt werden. Für die Unternehmen, die sich aller Widerstände zum trotz auf ihre Kernkompetenzen besinnen und Durchhaltevermögen aufweisen, öffnet sich hingegen mit China ein Markt nie gekannter Möglichkeiten.

Literaturverzeichnis

Alden, Dana L./Steenkamp, Jan-Bendedict E. M./Batra, Rajeev (1999): Brand Positioning through Advertising in Asia, North America and Europe: The Role of Global Consumer Culture, In: Journal of Marketing, Jahrgang 63, Januar, S. 75-47.

Apfelthaler, Gerhard (1999): Internationale Markteintrittsstrategien, 1. Auflage, Manz Schulbuch Verlag Wien.

Awater, Laurenz (1998): Die politische Wirtschaftsgeschichte der VR China, Politikwissenschaft, Band 48, LIT Verlag Münster.

Batra, Rajeev (1997): Executive Insights: Marketing Challenges in Transitional Economies, In: Journal of International Marketing, Jahrgang 5, Nr. 4, S. 95-114.

Bauer, Erich (2002): Internationale Marketingforschung, 3. überarbeitete Auflage, München, Wien, R. Oldenbourg Verlag.

Bennet, Roger (1998): International Marketing – Strategy, Planning, Market Entry & Implementation, 2. Auflage, Kogan Page Limited.

Berndt, Ralph/Fantapié AltobelliClaudia/Sander, Matthias (2003): Internationales Marketing Management, Berlin/Heidelberg/New York, Springer Verlag, 2. Auflage.

Bolz, Klaus/Lösch, Dieter/Pissulla, Petra (1990): Freihandels- und Sonderwirtschaftszonen in Osteuropa und in der VR China, Hamburg, Verlag Weltarchiv.

Buzzell, Robert D. (1968): Can you standardize multinational marketing?, In: Harvard Business Review, Jahrgang 46, Nr. 6, S. 102-113.

Chai, Joseph C. H. (1998): China – Transition to a Market Economy, Oxford: Clarendord Press.

Cheng, Hong und Schweitzer (1996): Cultural Values reflected in Chinese and U. S. Television Commercials, In: Journal of Advertising Research, Jahrgang 36, May/June, S. 27-45.

Chen, Roger (2004): Corporate reputation: Pricing an competing in Chinese markets – strategies for multinationals, In: Journal of Business Strategy, Jahrgang 25, Nr. 6, S. 45-50.

Chen, Yougang/Penhirin, Jaques (2004): Marketing to China's Consumers, In: McKinsey Quarterly, 2004 Special Edition, S. 62-73.

Chow, Gregory, C. (2002): China's Economic Transformation, 1. Auflage, Malden, Oxford, Blackwell Publishers.

Chung, Henry F. L. (2003): International Standardization Strategies: The Experiences of Australian and New Zealand Firms Operating in the Greater China Markets, In: Journal of International Marketing, Jahrgang 11, Nr. 3, S. 48-82.

Culpan, Tim/McClure, Steve (2006): Yahoo's China Problem, In: Billboard, Jahrgang, 118, Nr. 10, S. 5-8.

Cui, Geng/Liu, Qiming (2001): Executive Insights: Emerging Market Segments in a Transitional Economy: A Study of Urban Consumers in China, In: Journal of International Marketing, Jahrgang 9, Nr. 1, S. 84-106.

Eckhardt, Giana M./Houston, Michel J. (2002): Cultural Paradoxes Reflected in Brand Meaning: McDonald's in Shanghai, China, In: Journal of International Marketing, Jahrgang 10, Nr. 2, S. 68-82.

Einmer, David (2006): White Magic, In: Soap, Perfumery & Cosmetics, Jahrgang 79, Nr. 6, S. 33-33.

Einhorn, Bruce (2006): How Yahoo missed out on the Mainland, In: Business Week, Nr. 4014, S. 54-54.

Francis, June N. P./Lam, Janet P. Y./Walls, Jan (2002): Executive Insights: The Impact of Linguistic Differences on International Brand Name Standardization: A Comparison of English and Chinese Brand Names of Fortune-500 Companies, In: Journal of International Marketing, Jahrgang 10, Nr. 1, S. 89-116.

Flannery, Russell (2004): As Easy as 3x7=21., In: Forbes, Volume, 173, Nr. 13, S. 110-112.

Geers, Dietmar (1990): Die VR China, Berlin, Vistas Verlag.

Gao, Yong Gerald/Pan, Yigang/Tse, David K./Yim, Chi Kin (Bennett) (2006): Market Share Performance of Foreign and Domestic Brands in China, In: Journal of International Marketing, Jahrgang 14, Nr. 2, S. 32-51.

Goswin, Thomas/ Evers, Monika/ Dorawa, Rüdiger (1996): Wirtschaftsordnung und Wirtschaftspolitik In: Studien zur chinesischen Wirtschaft, Wegmann, Konrad (Hrsg.), Band 1, Duisburg, Bochum, LIT Verlag, S.8-99.

Grant, Andrew (2006): What executive are asking about China: From entry to execution, In: McKinsey Quarterly, 2006 Special Edition, S. 24-31.

Henderson, Clare (2006): P&G suspends SKII sales in China, In: Soap, Perfumery & Cosmetics, Jahrgang 79, Nr. 10, S. 5-5.

Ho, Suk-Ching (2001): Executive Insights: Growing Consumer Power in China: Some Lessons for Managers, In: Journal of International Marketing, Jahrgang 9, Nr. 1, S. 64-83.

Hoon, Ang Swee (1998), How Marketing Strategies differ, when operating in China versus the West, In: Singapore Management Review, Jahrgang 20, Nr. 2, S. 63-65.

Jagersma, Pieter K./van Gorp, Desirée M. (2003): Still searching for the pot of gold: doing business in China, In: Journal of Business Strategy, Jahrgang 24, Nr. 5, S. 27-35.

Kim, W. Chan/Mauborgne, R. A. (1987): Cross-Cultural Strategies, In: Journal of Business Strategy, Jahrgang 7, Nr. 4, S. 28-35.

Lane, Kevin P./St-Maurice, Ian/Wu, Claudia (2006): Marketing to China's hinterland, In: McKinsey Quarterly, 2006 Special Edition, S. 42-45.

Larsen, Sven (1996): Wirtschaftsordnung und Wirtschaftspolitik In: Studien zur chinesischen Wirtschaft, Wegmann, Konrad (Hrsg.), Band 1, Duisburg, Bochum, LIT Verlag, S.103-187.

Lee, Y. Don/Dawes, L. Philip (2005): Guanxi, Trust, and Long Term Orientation in Chinese Business Markets, In: Journal of International Marketing, Jahrgang 13, Nr. 2, S. 28-56.

Leach, Peter T. (2004): Open for Business? ... Maybe, In: Journal of Commerce, Jahrgang 5, Nr. 24, S. 13-14.

Levitt, Theodore (1983): The Globalization of Markets, In: Harvard Business Review, Jahrgang 61, Nr. 3, S. 92-102.

Lieberthal, Kenneth/Lieberthal Geoffrey (2003): The Great Transition, In: Harvard Business Review, Jahrgang 81, Nr. 10, S. 70-81.

Lin, T. Joseph (2007): Brand Lessons, In: Global Cosmetic Industry, Auflage 175, Nr. 5, S. 29-32.

Madden, Normandy (1999): Yahoo? Hits China Amid uncertainty, In: Advertising Age International, Jahrgang 13, Nr. 10, S. 1-2.

Meffert, Heribert/Bolz, Joachim (1998): Internationales Marketing-Management, In: Köhler, Richard/Meffert, Heribert (Hrsg.), Kohlhammer Edition Marketing, Stuttgart/ Berlin/Köln, 3. überarbeitete und ergänzte Auflage, Verlag W. Kohlhammer,.

Meissner, Werner (2000): Hongkong: von der britischen Kronkolonie zur chinesischen Sonderverwaltungszone, In: Hermann Pillath, Carsten und Lackner, Michael (Hrsg.), Länderbericht China – Politik, Wirtschaft und Gesellschaft im chinesischen Kulturraum, Bonn, Bundeszentrale für politische Bildung, S. 222-239.

Opper, Sonja (1999):Wirtschaftsreform und Beschäftigungswandel in der VR China, 1. Auflage, Baden Baden, Nomos Verlagsgesellschaft.

o. V. (2000): Marketing & Distribution in China: China Economic Studies; 2000, S. 63-75.

o. V. (2007): Company Spotlight: Procter 6 Gamble, In: Market Watch: Personal Care, Jahrgang 6, Nr. 1, S. 20-26.

Parnell, Martin F. (2002): Marketing in China – Two Key Success Factors, In: The Marketing Review, Jahrgang, 3, Nr. 1, S. 83-102.

Penhirin, Jacques (2004): Understanding the Chinese Consumer, In: McKinsey Quarterly, 2004 Special Edition, S. 46-57.

Pohl, Karl-Heinz (2002): Chinesische und asiatische Werte, In: Nutzinger, Hans G. (Hrsg.): Religion, Werte und Wirtschaft – China und der Transformationsprozess in Asien, Marburg, Metropolis Verlag, S. 105-128.

Powers, Patrick (2001): Distribution in China: The End of the Beginning, In: The China Business Review, Jahrgang 28, Nr. 4, S. 8-12.

Pu, Chen (1996): Economic Reform and the Transition from Plan to Market, Frohn, Joachim (Hrsg.), Band 1, Münster, LIT Verlag.

Scharping Thomas (2000): Bevölkerungsentwicklung und -politik, In: Hermann Pillath, Carsten und Lackner, Michael (Hrsg.): Länderbericht China – Politik, Wirtschaft und Gesellschaft im chinesischen Kulturraum, Bonn, Bundeszentrale für politische Bildung, S. 358-376.

Schubert, Gunther (2000): Taiwan seit 1945: Von der Entwicklungsdiktatur zur entwickelten Demokratie, In: Hermann Pillath, Carsten und Lackner, Michael (Hrsg.): Länderbericht China – Politik, Wirtschaft und Gesellschaft im chinesischen Kulturraum, Bonn, Bundeszentrale für politische Bildung, S. 206-221.

Schüller, Margot (2000): Reform und Öffnung: Der chinesische Weg zur Marktwirtschaft, In: Hermann Pillath, Carsten und Lackner, Michael (Hrsg.): Länderbericht China – Politik, Wirtschaft und Gesellschaft im chinesischen Kulturraum, Bonn, Bundeszentrale für politische Bildung, S. 278-301.

Shao, Alan T./Herbig, Paul (1995): Marketing inside the dragon, despite China's bureaucracy, In: International Marketing Review, Jahrgang 12, Nr. 1, S. 65-76.

Smith, Wendell R. (1995): Product Differentiation and Market Segmentation as alternative Marketing Strategies, In: Marketing Management, Jahrgang 4, Nr. 3, S. 63-65.

Szymanski, David M./Bharadwaj, Sundar G./Varadarajan Rajan P. (1993): Standardization versus Adaptation of International Marketing Strategy: An empirical Investigation, In: Journal of Marketing, Jahrgang 57, Oktober, S. 1-17.

Taubmann, Wolfgang (2000): Naturräumliche Gliederung und wirtschaftsgeographische Grundlagen, In: Hermann Pillath, Carsten und Lackner, Michael (Hrsg.): Länderbericht China – Politik, Wirtschaft und Gesellschaft im chinesischen Kulturraum, Bonn, Bundeszentrale für politische Bildung, S. 31-57.

Taylor, Charles R./Raymond, Mary Anne (2000): An analysis of product category restrictions in advertising in four major East Asian markets, In: International Marketing Review, Jahrgang 17, Nr. 3, S. 287-301.

Walters, Peter G. P./Samiee, Saeed (2003): Executive Insights: Marketing Strategy in Emerging Markets: The Case of China, In: Journal of International Marketing, Jahrgang 11, Nr. 1, S. 97-106.

Wong, Y. H./Tam Jackie L. M. (2000): Mapping Relationship in China: guanxi dynamic approach, In: Journal of Business & Industrial Marketing, Jahrgang 15, Nr. 1, S. 57-70.

Wu, Ben (2006): In China, it's Yahoo vs. Qihoo, In: Fortune, Jahrgang 154, Nr. 8, S. 17-18.

Yang Bosco, Sara (2004): A New Era for Distribution in China, In: The China Business Review, Jahrgang 31, Nr. 5, S. 14-19.

Yau, Oliver H. M. (1988): Chinese Cultural Values: Their Dimensions an Marketing Implications, Jahrgang 22, Nr. 5, S. 44-57.

Yeoman, Ian/McMahon-Beattie (2006): Luxury markets and premium pricing, In: Journal of Revenue and Pricing Management, Jahrgang 4, Nr. 4, S. 319-328.

Yue, Bing (1997): Der chinesische Weg zu einer Marktwirtschaft, 1. Auflage, Frankfurt/ Main, Europäischer Verlag der Wissenschaften.

Zander, Ernst/Richter, Steffen (1992): China am Wendepunkt zur Marktwirtschaft?, Heidelberg, Sauer Verlag.

Zhang, Yong (1996): Chinese consumer's evaluation of foreign products: the influence of culture, product types and product presentation format, In: European Journal of Marketing, Jahrgang 30, Nr. 12, S. 50-68.

Zhou, Lianxi/Hui, Michael K. (2003): Symbolic Value of Foreign Products in the People's Republic of China, In: Journal of International Marketing, Jahrgang 11, Nr. 2, S. 36-58.

Zinzius, Birgitt (1996): Der Schlüssel zum chinesischen Markt: Mentalität und Kultur verstehen lernen, 1. Auflage, Wiesbaden, Gabler Verlag.

Wang, Yong (2006): China in the WTO: A Chinese View, In: China Business Review, Jahrgang 33, Nr. 5, S. 42-48.

Wang, Jianbin (1996): Werbewirksam handeln in einer fremden Kultur, Diss.; Frankfurt/ Main, Europäischer Verlag der Wissenschaften.

Chary, Komal/Gupta, Vivek (2005): P&G Success Story in China, In: ICMR Case Collection.

Internetverzeichnis

Internetquelle 1

http://www.uni-kiel.de/forum-erdkunde/hintergr/china/arbeitslosigkeit.htm

Internetquelle 2

http://www.chinareise.com/frameset.html?http://www.chinareise.com/infos/china/volk.html

Internetquelle 3

http://www.innovations-report.de/html/berichte/studien/bericht-50096.html

Internetquelle 4

http://www.uni-koeln.de/organe/presse/forsch96/china/index.htm

Internetquelle 5

http://www.state.gov/g/drl/rls/irf/2004/35396.htm

Internetquelle 6

(http://www.chinapolitik.de/china/pubs/china_polsys/polsys1.pdf)

Internetquelle 7

http://www.census.gov/cgi-bin/ipc/idbagg

Internetquelle 8

http://www.auswaertiges-amt.de/diplo/de/Laenderinformationen/Hongkong/Wirtschaft.html#t9

Internetquelle 9

http://china-business-information.de/cbi/content/chinabusiness/daten-undfakten/LandwirtschaftDaten/index.html

Internetquelle 10

http://lcweb2.loc.gov/learn/features/timeline/riseind/chinimms/chinimms.html

Internetquelle 11

http://library.thinkquest.org/20619/Chinese.html

Internetquelle 12

http://www.asianamericans.com/ChineseImmigration.htm

Internetquelle 13

http://brownvboard.org/brwnqurt/03-4/03-4c.htm

Internetquelle

http://www.atkearney.de/content/misc/wrapper.php/id/48978/area/retail/name/pdf_china_fmcg_monograph_s_10734093336285.pdf

S. 50

Internetquelle

http://www.bluemoon.de/lexikon/werbung-in-china/.

S.70

Internetquelle

http://www.pressetext.de/pte.mc?pte=041207056

S.71

Internetquelle

http://www.international.ucla.edu/cms/images/nike%20lebron.JPG

S.72

Internetquelle

www.chiefexecutive.net 06/2004

S.80

Internetquelle

www.yahoo.com

S.83

Internetquelle

http://weblogs.hitwise.com/bill-tancer/2006/08/us_july_search_volume_numbers.html

S.85

Internetquelle 20

http://www.spiegel.de/netzwelt/web/0,1518,497241,00.html.

S. 87

Internetquelle

http://www.spiegel.de/netzwelt/web/0,1518,479150,00.html

S.87

Internetquelle

http://winfuture.de/news,30478.html

S.87

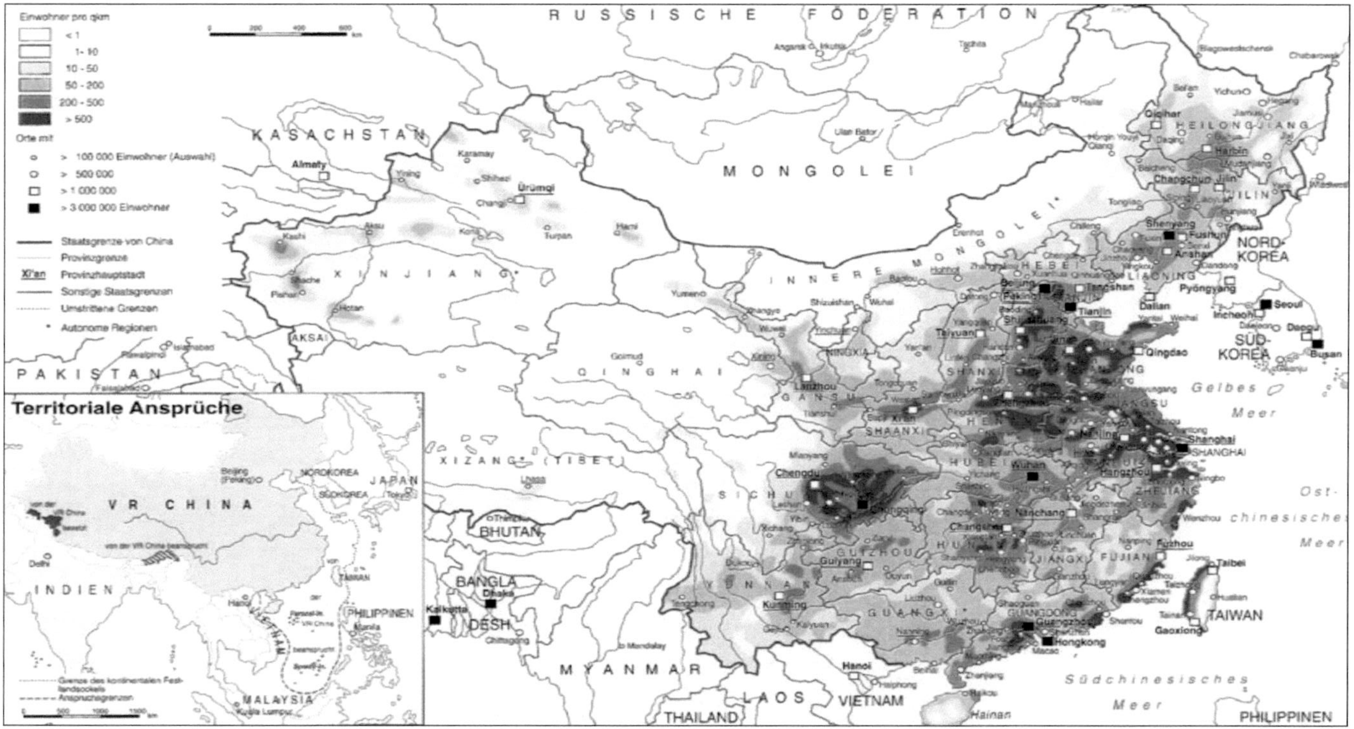
RUSSISCHE FÖDERATION
KASACHSTAN
MONGOLEI
INNERE MONGOLEI
XINJIANG
QINGHAI
XIZANG (TIBET)
PAKISTAN
BHUTAN
BANGLADESH
MYANMAR
LAOS
THAILAND
VIETNAM
NORD-KOREA
SÜD-KOREA
TAIWAN
PHILIPPINEN
Gelbes Meer
Ostchinesisches Meer
Südchinesisches Meer
Einwohner pro qkm
< 1
1 - 10
10 - 50
50 - 200
200 - 500
> 500
Orte mit
> 100 000 Einwohner (Auswahl)
> 500 000
> 1 000 000
> 3 000 000 Einwohner
Staatsgrenze von China
Provinzgrenze
Xi'an Provinzhauptstadt
Sonstige Staatsgrenzen
Umstrittene Grenzen
Autonome Regionen
Territoriale Ansprüche
VR CHINA
INDIEN
JAPAN
MALAYSIA
Almaty
Ürümqi
Harbin
Shenyang
Beijing
Tianjin
Seoul
Busan
Qingdao
Shanghai
Wuhan
Chengdu
Chongqing
Nanchang
Guiyang
Kunming
Guangzhou
Hongkong
Taibei
Gaoxiong
Hanoi
Dhaka
Kalkutta
Hainan